EAUX MINÉRALES ACIDULES THERMALES

DE FONCAUDE

DES

EAUX MINÉRALES ACIDULES THERMALES

DE

FONCAUDE

DE LEURS EFFETS ET DE LEUR USAGE

DANS LE TRAITEMENT DES MALADIES QU'ELLES PEUVENT GUÉRIR

RAPPORT

ADRESSÉ EN 1851, A L'ACADÉMIE IMPÉRIALE DE MÉDECINE DE PARIS

PAR

M. E. BERTIN

Médecin-inspecteur de ces Eaux ; Professeur-Agrégé de la Faculté de Médecine
de Montpellier ; Médecin des prisons cellulaires et Directeur de l'Établissement médico-pneumatique de la même ville ; Membre titulaire de l'Académie
des Sciences et Lettres , de la Société de médecine-pratique et de la Société
d'hydrologie médicale de Montpellier ; Correspondant de la Société Impériale
de médecine de Marseille , de la Société d'hydrologie médicale de Paris , etc.

MONTPELLIER

TYPOGRAPHIE DE BOEHM, IMPRIMEUR DE L'ACADÉMIE

1855

DES

EAUX MINÉRALES ACIDULES THERMALES

DE FONCAUDE

DE LEURS EFFETS ET DE LEUR USAGE

DANS LE TRAITEMENT DES MALADIES QU'ELLES PEUVENT GUÉRIR.

CHAPITRE Ier.

HISTORIQUE ; ÉTUDE PHYSIQUE ET CHIMIQUE DES EAUX DE
FONCAUDE.

Historique. — Il existe à peu de distance de Montpellier, une source d'eau minérale désignée sous le
nom de **FONCAUDE**, et qui, dans des actes publics,
d'une date déjà fort ancienne, donne son nom à la propriété dont elle dépend. L'historique de cette fontaine
chaude, *Fon-caouda* dans le patois du pays, offre peu
de faits importants, si l'on se rapporte à des époques
fort éloignées de nous. Il se compose, au contraire, de

quelques documents utiles, si l'on consulte à ce sujet les annales des eaux minérales, depuis la dernière moitié du XVIIIᵉ siècle.

Avant que la science s'occupât d'elles, ces eaux avaient acquis de la célébrité parmi les populations des villages qui les avoisinent, et l'on retrouve fréquemment dans les familles de ces localités, le souvenir de quelque guérison remarquable. Ces vieilles traditions amenaient chaque année de nouveaux malades, qui, guéris quelquefois, quelquefois soulagés, sauvaient au moins de l'oubli des eaux qui n'attendaient, pour montrer toute leur action bienfaisante, que quelques sacrifices de la part de ceux qui chercheraient à les utiliser.

A une époque qui paraît assez reculée, on dut tenter quelques efforts à cet égard. Dans son lieu d'émergence, la source fut entourée d'une construction en forme de puits, et renfermée, ainsi que la seule piscine où ses eaux se rendaient, dans une masure que l'on conserve encore aujourd'hui. Tout à côté, une maison que l'on a récemment démolie, fut destinée, ainsi que le témoignait sa distribution, à loger les malades venus de loin ou ceux que leur état obligeait à rester sur les lieux.

Aucun document scientifique ne se rattache à cette époque et nous ignorons complètement pourquoi ces constructions furent abandonnées. Il fallait bien, cependant, que, de temps à autre, quelque fait d'une haute valeur vînt élever sa voix en faveur des eaux de Foncaude, puisque malgré cet abandon, malgré le voisinage des thermes anciennement connus et si justement célèbres,

de Balaruc, de La Malou, d'Avesnes, de Sylvanès, on
en vint enfin à s'occuper d'elles.

Dès le milieu du XVIIIe siècle, quelques recherches
chimiques signalèrent, en effet, l'analogie de composition qui sous certains rapports existe entre les eaux de
Foncaude et celles des sources que je viens de désigner.
Mais les *propriétés physiques* que chacune d'elles présente,
suffisaient aussi pour faire présumer les différences plus
notables qui les distinguent. De là, cette double conclu-
sion, que si toutes ces sources pouvaient être utilisées
dans un certain nombre de cas pathologiques identiques,
il était aussi quelques indications que chacune d'elles
pouvait être plus spécialement appelée à remplir.

Les premières indications scientifiques que nous possé-
dions sur l'analyse des eaux de Foncaude, sont dues à
Montet, qui, d'après les renseignements qu'il transmit à
Carrère [1], signala dans leur composition un peu de terre
savonneuse et un soupçon de sel marin.

Plus tard, Joyeuse publia une analyse des eaux de
Foncaude, et, dans ce travail, les rapprochant d'autres
sources minérales du département de l'Hérault, particu-
lièrement de celles de La Malou, fort renommées depuis
longtemps, il les déclara utiles comme celles-ci, dans
les maladies de la peau, dans les douleurs de rhumatisme, de sciatique, et annonça qu'à haute dose elles pourraient être purgatives[2].

---

[1] Carrère; *Catalogue raisonné des ouvrages qui ont été publiés sur
les eaux minérales en général, et sur celles de la France en particulier.*
[2] *Journal de médecine, de chir. et de pharm.,* ou *Annales de la*

Rien ne prouve que, malgré ces indications, aucun essai suivi eût jamais été tenté sous la direction des médecins, et les eaux de Foncaude restèrent à peu près dans l'oubli jusqu'en 1806. Ce fut alors que le professeur Vigarous fixa de nouveau l'attention sur elles.

S'appuyant sur les résultats que l'expérience avait pu fournir, sur une analyse faite par MM. les professeurs Virenque et Duportal, et sans que sa confiance fût ébranlée par les faibles proportions des substances contenues dans ces eaux, Vigarous ne craignit pas de les mettre en usage dans quelques cas des maladies contre lesquelles on les vantait le plus. Voici comment il rend compte, en peu de mots, des résultats que ses essais fournirent : « Ces eaux se sont constamment montrées » efficaces dans les affections rhumatismales et dans cer- » taines maladies de la peau ; et six personnes qui , » d'après nos conseils, en firent usage , leur doivent la » guérison d'un rhumatisme chronique. Deux jeunes » filles, délivrées ; par le même secours, d'une croûte » laiteuse qui occupait toute l'étendue de l'avant-bras, » et trois autres personnes complètement guéries d'une » affection dartreuse qui se montrait en plaques assez » considérables sur les différentes parties de leur corps, » attestent leur efficacité et l'importance qu'on peut leur » donner en médecine [1]. »

Société de médecine pratique de Montpellier, tom. I, 2me partie, pag. 153.

[1] *Recueil des Bulletins publiés par la Société libre des sciences et belles-lettres de Montpellier*; tom. 11, an XIV.

Il paraît qu'à cette époque les études sérieuses faites
par Vigarous sur les effets thérapeutiques de l'eau de
Foncaude, bien qu'elles fussent encore bornées à un
très-petit nombre de malades, décidèrent M. Martin-
Portalès, alors propriétaire de cette source, à faire
quelques efforts, quelques sacrifices pour en populariser
l'emploi. Les anciennes constructions, presque entièrement tombées en ruines, furent réparées et disposées
d'une manière plus convenable. On recouvrit d'une
voûte le bassin où les eaux se réunissaient en sortant du
puits du fond duquel elles s'élèvent. Au moyen d'un mur
de séparation on en fit deux piscines distinctes, assez
vastes, et l'on conserva de cette manière un mode
d'administrer les bains, auquel, non sans raison, bien
des médecins attachent encore une influence positive
sur l'action des eaux minérales. Chacune de ces piscines,
précédée par un petit salon particulier, recevait directement les eaux de la source par un conduit de quelques
centimètres de longueur, toujours ouvert, et les laissait
se déverser incessamment dans un bassin extérieur.
Ainsi, l'écoulement des eaux était constant, et, malgré
l'étendue de chaque piscine, où la hauteur des eaux
s'élevait à près d'un mètre, le renouvellement de celles-
ci était assez rapide pour qu'elles y conservassent leur
température naturelle. Aussi, à plusieurs reprises et
dans des saisons bien différentes, m'a-t-elle paru la
même dans le puits et dans les piscines, ou du moins
ne varier que d'une fort petite fraction de degré. Je
n'ai pas besoin de faire observer que c'était par des

bains pris à cette température naturelle, qu'avaient été produites les guérisons rapportées par Vigarous. M. Martin-Portalès projetait encore de plus grandes améliorations, quand des circonstances que nous ne connaissons pas, arrêtèrent de nouveau ces heureuses dispositions ; et, malgré tout ce qui venait d'être fait pour faciliter l'emploi des eaux de Foncaude, on ne trouve pas d'autre écrit spécial sur leur usage, que le travail déjà cité du professeur Vigarous.

Cependant, lorsqu'en 1809, M. Saint-Pierre soutint devant la Faculté de médecine de Montpellier, la thèse remarquable qu'il a écrite sur les eaux minérales en général et sur celles du département de l'Hérault en particulier, il n'oublia point les eaux de Foncaude. Il en donne une analyse faite avec soin, sous la direction du professeur Anglada ; mais, dépourvu d'observations qui puissent le guider dans l'étude des applications thérapeutiques auxquelles ces eaux pourraient donner lieu, Saint-Pierre se contente de rappeler que l'expérience leur attribue déjà des guérisons fort remarquables. Il déplore que les malades en fassent le plus souvent usage sans consulter des médecins, et au risque de compromettre à la fois leur santé et la réputation des eaux. Enfin, comme Vigarous, il fait remarquer les nombreux avantages qu'une position très-rapprochée de Montpellier assurerait aux eaux de Foncaude, si des épreuves multipliées venaient justifier les données qui jusqu'alors parlaient si haut en leur faveur [1].

[1] Saint-Pierre ; *Essai sur l'analyse des eaux minérales en général*,

Les témoignages favorables que je viens de rappeler, appuyés par une analyse faite en 1823 par M. le professeur Bérard, qui rangeait les eaux de Foncaude parmi les eaux salines, acidules thermales, et les rapprochait de celles de Vichy, d'Ussat, du Mont-d'Or, me décidèrent à en faire l'essai dans certains cas auxquels elles pouvaient paraître appropriées. Pendant l'été de 1844, divers malades s'y rendirent, prirent des bains avec assiduité, et en ayant, en général, la précaution d'élever de quelques degrés la température naturelle à ces eaux.

Je n'eus qu'à me louer de ces premiers essais. Un bien petit nombre de bains suffit pour procurer de grands soulagements dans un cas de douleurs rhumatismales goutteuses, dont les attaques successives avaient déjà causé de notables difformités dans quelques-unes des articulations des doigts. — Une jeune femme avait été tourmentée, pendant tout l'hiver précédent, de douleurs rhumatismales aiguës, qui, le plus souvent fixées aux membres, avaient fini par se porter à la tête et par déterminer de violentes hémicranies; en même temps une éruption fort abondante de dartres furfuracées s'était montrée sur presque toute la surface du corps, s'accompagnant de démangeaisons fort incommodes. Douze ou quinze bains de Foncaude, pris pendant l'été, dissipèrent complètement tout ce qui restait encore de douleurs dans diverses parties du corps, firent disparaître l'éruption,

et sur celles des eaux minérales du département de l'Hérault en particulier, pag. 75.

et ramenèrent le calme, la régularité de toutes les fonctions. Je puis ajouter que l'hiver suivant, qui fut si remarquable par l'intensité du froid, par la continuité des pluies, s'est passé sans la plus légère atteinte de rhumatisme. — Pendant ces premiers essais, quelques exemples d'affections dartreuses furent aussi guéris sous mes yeux, par l'usage des eaux de Foncaude à leur température naturelle.

Il eût été difficile, avec les dispositions matérielles qui existaient alors à Foncaude, de donner beaucoup d'extension à l'emploi de ces bains. On n'avait encore que des piscines où l'eau, grâce à son renouvellement rapide et à l'extrême abondance de la source, conservait, sans doute, à très-peu de chose près, sa température naturelle; mais bien que, dans quelques cas, celle-ci eût pu suffire pour certains malades, en général et surtout dans le traitement des affections rhumatismales, il avait fallu modifier les dispositions matérielles, pour élever la température du bain jusqu'à 33 ou 35 degrés centigrades. Il devenait donc indispensable, pour donner suite à nos premiers essais, de créer un établissement convenable. M. Rouché, propriétaire actuel du domaine de Foncaude, ne recula pas devant d'assez grands sacrifices, et, dans le cours de l'hiver de 1844 à 1845, des cabinets de bains, convenablement disposés, s'élevèrent sur l'emplacement même des piscines. Chacun d'eux renfermait une ou deux baignoires, dans lesquelles des tuyaux différents apportaient à la fois, l'eau de la source à sa température naturelle, et cette même eau minérale chauffée jusqu'à l'ébullition dans une chaudière bien close. Quelques litres de cette dernière suffisaient pour donner aux bains une température convenable, sans altérer notablement la composition des eaux.

Grâce à ces premières améliorations, il fut possible d'utiliser les eaux de Foncaude d'une manière assez étendue, et des faits nombreux, observés pendant l'été de 1845, confirmèrent les bons résultats sur lesquels j'avais déjà cru devoir compter. Recueillis sur des sujets placés dans des circonstances bien variées, ils me fournirent l'occasion d'une étude comparative, de laquelle devaient découler les principales règles de l'emploi thérapeutique des eaux de Foncaude, et servirent de base à la *nouvelle Notice* que je publiai sur ces eaux en 1846.

L'affluence des baigneurs que nous dûmes, cette année, soit à la bienveillante coopération des médecins de Montpellier, soit à la conviction que réveillaient dans le public les guérisons obtenues, fut bien plus considérable qu'on ne pouvait encore l'espérer. Elle rendit nécessaire une demande d'autorisation ministérielle pour l'établissement, qui, en 1846, dès l'ouverture de la saison des bains, dut s'augmenter rapidement d'un nombre considérable de baignoires renfermées dans des constructions en planches, élevées provisoirement au milieu des prairies. Avant de transmettre cette demande au ministre de l'agriculture et du commerce, M. Roulleaux-Dugage, alors préfet du département de l'Hérault, désira qu'une analyse de ces eaux fût faite par une commission, qu'il composa de M. Bérard, professeur de chimie générale et de toxicologie à la Faculté de médecine, de M. Gerhardt, professeur de chimie à la Faculté des sciences, et à laquelle il voulut bien m'adjoindre. M. le ministre, convaincu par l'autorité des noms des savants professeurs de chimie à qui nous devons ce travail que je rappellerai bientôt, autorisa l'établissement public des bains de Foncaude et m'en confia l'inspection.

Des observations recueillies en grand nombre pendant la saison des bains de 1846, devinrent le sujet d'une nouvelle publication, qui parut en 1847. Mais la conviction qui s'était déjà établie dans les esprits, l'affluence qu'elle avait attirée à Foncaude, imposèrent naturellement à M. Rouché l'obligation d'élever son établissement au niveau des besoins qu'il était appelé à remplir. Il l'a fait sur une grande échelle, avec cette entente judicieuse et pleine de goût qui sait aller au-devant de tout ce qui peut rendre facile et fructueux l'usage des eaux minérales, de tout ce que les habitudes de la société actuelle peuvent désirer de confortable, de tout ce qui peut augmenter pour les baigneurs les agréments d'un site que la nature avait déjà rendu si délicieux.

Au milieu d'une vaste prairie, à peu de distance de la source, un pavillon plein de goût et d'élégance, élevé d'après les plans et sous la direction d'un architecte habile, de M. Lazard, offre aujourd'hui dans deux bâtiments latéraux trente cabinets de bains, spacieux, commodes, d'une propreté remarquée, éclairés de manière à ménager le jour, tout en assurant une ventilation que le baigneur règle à sa volonté. Ces cabinets, spécialement réservés dans chaque bâtiment latéral à l'un ou l'autre sexe, y sont distribués sur les deux côtés d'un long corridor. Un salon commun les sépare ; il offre aux baigneurs de nombreux divans, où ils peuvent, au milieu d'une société agréable, trouver le repos qui dans quelques cas doit succéder au bain, et communique avec quelques cabinets plus isolés, où les malades que trop de mouvement fatigue, peuvent aller se reposer loin du bruit.

Les eaux de la source arrivent à chaque baignoire par des conduits disposés de manière à ce que, malgré la distance franchie, elles conservent leur température naturelle. Celle-ci, trop basse pour bien des malades, est facilement élevée au degré nécessaire par l'eau bouillante qu'un robinet, placé à côté de celui de l'eau naturelle, met à la disposition du baigneur. En général, quelques litres suffisent pour atteindre ce point ; et comme l'eau ajoutée n'est autre que l'eau minérale elle-même, chauffée avec précaution dans une chaudière bien close, ce qu'elle a perdu de ses principes constituants est si peu de chose, que l'eau du bain n'en est pas sensiblement modifiée.

La température naturelle des eaux de Foncaude n'est pas tout à fait assez élevée, pour qu'un bain, pris à ce degré, soit facile à supporter dans une baignoire où le malade est contraint de garder une immobilité presque absolue. Il est pourtant un assez grand nombre de cas où je n'ai eu qu'à me louer de l'action de ces eaux administrées à leur température naturelle. L'empressement avec lequel grand nombre de malades venaient se plonger dans les piscines, quand il n'existait encore aucun moyen de chauffage ; le soulagement qu'ils y trouvaient dans des cas variés d'affections cutanées, de douleurs rhumatismales, ne me laissaient aucun doute sur l'avantage de pouvoir aussi mettre en usage cette manière d'administrer les bains. Une piscine, où sept à huit personnes peuvent aisément se baigner à la fois, a été pour cela ménagée dans l'ancien établissement qui renferme la source. Elle reçoit directement les eaux de celle-ci, après un court trajet d'un mètre de distance ; et comme elles y arrivent d'une manière continue par un jet fort volumineux, tandis qu'un trop-plein toujours ouvert en assure le renouvellement incessant, elles y conservent, à toutes les époques de l'année, la température que l'on retrouve dans le puits même de la source.

Les anciens cabinets de bains, rendus inutiles par les nouvelles constructions, ont fourni un emplacement commode pour des douches de tout genre, complément indispensable d'un établissement thermal aussi fréquenté que l'est aujourd'hui celui de Foncaude. Grâce à quelques dispositions que la nature des lieux rendait faciles, nous avons ainsi, tout à côté de la source, des douches descendantes verticales, obliques, horizontales, dont des ajustages variés modifient à l'infini la forme et l'impulsion, des douches écossaises. De vastes baignoires servent à l'administration des douches ; le malade peut s'y placer commodément dans toutes les positions qu'exige le lieu qu'il faut soumettre à ce moyen et y prendre, immédiatement après, un bain qu'il élève à la température indiquée par son état.

Un cabinet spécial est affecté aux douches ascendantes. L'appareil qui sert à les donner permet de faire varier la pression, de manière à obtenir un jet qui s'élève depuis quelques centimètres seulement, jusqu'à une hauteur qu'on ne saurait employer. Il la règle, sous ce rapport, de manière à prévenir de la part du malade toute chance d'exagération imprudente, et par une disposition particulière lui permet, cependant, de s'administrer lui-même ce moyen puissant de guérison, dans certains cas où l'intervention d'une personne étrangère est souvent fort désagréable. Par le moyen d'ajustages divers, la douche ascendante sert de douche anale, de douche vaginale, avec les modifications variées que chacune d'elles peut exiger, ou se dirige vers certains points du corps que les autres douches ne pourraient atteindre.

Enfin, l'on a complété le système de nos douches, en faisant pratiquer dans un certain nombre de baignoires un appareil à douches vaginales, dont l'importance a été promptement appréciée. Un ajustage de quelques centimètres de longueur, fixé sur le tuyau qui conduit à la baignoire l'eau de la source à sa température naturelle, reçoit à son extrémité libre une manche en tissu imperméable de quatre ou cinq centimètres de diamètre, longue d'un mètre environ, et terminée par une canule en ivoire, à laquelle chaque malade adapte une nouvelle canule en gomme élastique. Ainsi disposé, l'appareil arrive jusqu'au fond de la baignoire, et par sa souplesse permet une facile introduction dans le vagin. Alors, au moyen d'un robinet qu'elle

ouvre à volonté, la malade reçoit une douche dont la
force d'impulsion, facile à graduer, ne peut d'ailleurs
jamais dépasser la différence du niveau qui existe entre
la source d'où vient l'eau et la baignoire où elle arrive ;
encore même, grâce aux frottements qui s'opèrent,
n'arrive-t-elle jamais à l'égaler complètement ; elle atteint
tout au plus vingt centimètres d'élévation. Ainsi, cette
douche s'administre avec l'eau à sa température naturelle ;
elle a lieu pendant le bain ; elle peut être continue ou
interrompue dans sa durée, et porter ainsi dans le vagin,
sur le col de la matrice, une sorte d'irrigation prolongée, si le cas l'exige, tout autant que le bain lui-
même. Cet appareil bien simple a déjà rendu de grands
services, et, comme l'avait prévu M. le professeur
Lordat, qui en louait beaucoup l'établissement, je l'ai
vu mettre un terme à plusieurs cas d'affections chroniques de l'utérus et du vagin.

Il ne suffisait pas d'établir, à Foncaude, un matériel
où se trouvait prévu tout ce qu'un établissement public
de bains doit offrir aux baigneurs qui le fréquentent,
il fallait aussi le rendre accessible aux classes peu aisées
de la société ; il fallait y attirer les nombreux malades
que leurs affaires ou leur fortune empêchent d'aller
chercher au loin les eaux minérales qui leur sont nécessaires. Des omnibus commodes, mis à la portée des
plus pauvres, sans cesser d'offrir ce que la richesse ré-
clame de confortable et de rapidité, ont été, dès la
première année, établis par M. Rouché. Un trajet d'une
demi-heure sur une route magnifique, un séjour à

Foncaude du temps nécessaire pour le bain et le repos qui doit le suivre, exigeant tout au plus le sacrifice de trois ou quatre heures que chacun peut prendre sur le moment de la journée le moins occupé pour lui, grâce aux huit départs qui ont lieu depuis quatre heures du matin jusqu'à quatre heures du soir, ont bien vite fait comprendre à la population laborieuse de Montpellier, qu'elle pourrait désormais, sans quitter ses affaires, profiter chaque année du bienfait des eaux minérales que la nature avait placées presque aux portes de la ville.

Je l'ai déjà dit, dès les premières années, l'affluence des baigneurs fut considérable ; mais l'efficacité des eaux une fois démontrée au public, de nombreux malades ne tardèrent pas à manifester le désir de pouvoir habiter, pendant le traitement, le séjour si délicieux de Foncaude. Quelques malades venus de loin avaient dû se loger à Montpellier, et, pour quelques-uns d'entre eux, le trajet en voiture avait offert des inconvénients. On réclama de M. Rouché la construction d'un hôtel, et ce complément indispensable existe aujourd'hui depuis plusieurs années. Construit sur la petite colline qui domine le pavillon des bains, ce bâtiment, placé dans une position des plus salubres, renferme un grand nombre de chambres spacieuses, aérées, et de vastes salons. Des terrasses ombragées l'entourent, et de partout, l'œil, en suivant le cours sinueux de la rivière, embrasse à la fois les prairies et les jardins de Foncaude, l'immense vignoble de la Paillade, les bosquets délicieux de Caunelle, de la Mosson et de Byonne. Des allées ombragées

par de beaux mûriers, conduisent, par une pente bien
ménagée, de l'hôtel à l'établissement des bains. Autour
de celui-ci sont d'immenses prairies toujours arrosées,
des allées de platanes, de tilleuls et de marronniers,
nouvellement plantées au milieu de riants jardins, mais
rivalisant déjà par leur puissante végétation avec de
vieux bosquets naturels formés de frênes, d'érables de
Montpellier, d'arbres de la Judée, d'aubes immenses.
Çà et là sont des cascades abondantes; des ruisseaux
ombragés par des saules antiques, dont les jets vigoureux
et élancés contrastent avec les troncs noueux et décrépits;
des touffes gracieuses de saules-pleureurs, qui, par leurs
branches retombantes, dérobent presque à la vue le bâtiment de la source et celui de la buvette, symétri-
quement placés de chaque côté du chemin d'arrivée.
Une fraîcheur agréable y repose de la chaleur brûlante
qui dessèche les lieux d'alentour, et, dès qu'après avoir
traversé la rivière on arrive à l'allée de platanes,
berceau impénétrable au soleil sous lequel les voitures
parviennent jusqu'à l'établissement des bains, on se croit
délivré pour toujours de nos fatigantes chaleurs. Au
milieu des montagnes déboisées qui, du Nord au Sud-
Ouest, terminent le vallon de Foncaude, c'est une
véritable oasis qu'on rencontre, et j'ai bien des fois
constaté qu'aux heures les plus chaudes du jour, la température y est de quelques degrés au-dessous de celle
dont on souffrait en quittant Montpellier.

En présence des succès qui s'attachent aujourd'hui à
l'exploitation des eaux de Foncaude, et qui témoignent

hautement de leur efficacité, on s'est bien souvent demandé comment, aux portes d'une ville où de nombreux malades viennent chercher des conseils et grossir le nombre de ceux qui, parmi une population considérable, peuvent avoir besoin d'un moyen de soulagement aussi précieux, cette source est pourtant demeurée, jusqu'à nos jours, sans être réellement utilisée ?

L'historique qui précède montre que, de tout temps, les populations qui entourent Foncaude avaient reconnu l'efficacité de ses eaux. Mais, dans l'emploi des eaux minérales, il faut aussi accorder quelque chose aux influences hygiéniques auxquelles sont soumis les malades et qui, comme le dit M. Patissier [1], sont sans contredit un puissant auxiliaire à l'action médicale des eaux, c'est-à-dire, à celle qu'elles doivent à leurs principes constituants. Or, jusqu'ici, sous le rapport hygiénique, tout manquait à Foncaude, où jamais rien de convenable n'avait été fait dans l'intérêt des baigneurs, avant l'époque à laquelle M. Martin—Portalès fit recouvrir d'une voûte les piscines qu'il avait trouvées renfermées, à ciel-ouvert, dans un simple mur d'enceinte. Aussi, n'était-ce qu'en passant, que les eaux de Foncaude avaient parfois attiré l'attention des chimistes et des médecins.

Aujourd'hui, tout est bien changé : de hautes digues élevées sur les bords de la Mosson, ont mis à l'abri de

---

[1] *Rapport fait au nom de la commission des eaux minérales pour les années 1847 et 1848, à l'Académie nationale de Médecine*, p. 3. — Paris, 1850.

ses inondations annuelles tout le vallon de Foncaude,
qu'une culture bien entendue et des exhaussements de
terrain opérés à grands frais ont converti en riches prairies. Là où régnait peut-être autrefois quelque cause
d'insalubrité, l'industrie a donc fait naître les conditions
hygiéniques les plus heureuses et les plus constantes. Une
habitation commode, des bains élégants se sont élevés,
au milieu de toutes ces circonstances favorables, auprès
d'une source minérale à laquelle de savantes analyses chimiques ont assigné des propriétés bienfaisantes, que
l'observation médicale est venue confirmer. Est-il donc
étonnant qu'à l'oubli d'autrefois ait succédé la confiance,
et que, guidée par elle, une affluence nombreuse de
malades soit venue, chaque année, demander sa guérison à des eaux si heureusement situées?

A côté de ces avantages, les environs de Foncaude
offrent aussi aux baigneurs qui viennent s'y fixer, des
promenades délicieuses, des excursions pleines d'intérêt.
Parmi les premières, Caunelle, Byonne, Lussan, la
Piscine, Lavérune, Château-Bon, Château-d'O, où
les visiteurs sont partout accueillis avec une bienveil-
lance si gracieuse, méritent surtout d'être cités. Les
ruines de Maguelonne et ses tombeaux, les salines de
Villeneuve, la grotte d'Andos avec son lac souterrain et
ses promenades en bateau à la lueur des torches; le port
de Cette et son admirable point de vue qui, du haut de
la montagne de St-Clair, s'étend des plus hautes montagnes des Cévennes dans l'immensité du golfe de Lyon,
du Mont-Ventou aux Pyrénées; l'antique abbaye de

Vallemagne et son cloître si pittoresque ; la fameuse grotte des Demoiselles, que l'on cite au nombre des plus remarquables que l'on connaisse, sont autant de lieux que le savant, l'artiste et le touriste visiteront avec la certitude d'y trouver une ample compensation du temps qu'ils y devront consacrer. Enfin, dans tous les lieux que je viens de citer, la flore si variée de nos pays, leurs richesses minéralogiques et zoologiques, laissent deviner combien il est facile de trouver à Foncaude, à côté d'une source efficace, au milieu d'un séjour agréable et salubre, de douces et utiles distractions.

Étude physique et chimique des eaux de Foncaude. — La source des eaux de Foncaude sort au milieu des *marnes bleues*, appartenant à la période pliocène, et près de leur contact avec le terrain tertiaire lacustre qu'elles recouvrent. Elle est renfermée dans une sorte de puits construit en maçonnerie, d'un mètre et demi de profondeur ; elle y arrive du côté le plus élevé de la colline, par un petit aqueduc souterrain de construction ancienne et dont on n'a pas encore cherché à reconnaître la longueur. Tout travail, sous ce rapport, a dû être renvoyé à l'époque où M. Rouché réalisera le projet d'emménager ses eaux d'une manière plus convenable. En les recueillant plus en avant dans l'intérieur de la colline qui les fournit, en les conduisant de façon à les isoler des terrains qu'elles traversent, on obtiendrait probablement quelques degrés de plus de chaleur et la conservation d'une plus grande quantité de l'acide carbonique qu'elles contiennent en excès.

Les eaux s'élèvent dans le puits à la hauteur d'un mètre environ au-dessus du niveau du sol qui les entoure, alors même qu'on les laisse s'écouler librement, soit par les robinets de la buvette, soit par les divers conduits qui les portent dans la piscine ou qui servent de trop-plein. Mais, dès l'instant où toutes ces issues sont fermées, les eaux s'élèvent rapidement, et même, dans le moment des plus fortes sécheresses de l'été, déversent en grande abondance au-dessus des parois du puits. La quantité d'eau que la source fournit, est peu variable dans les diverses saisons de l'année ; cependant, lorsque les hivers sont très-pluvieux, elle subit ordinairement, vers la fin de cette saison, une augmentation sensible qui se soutient à peine l'espace de quelques jours. Jaugée le 26 mars 1846, on avait trouvé qu'elle fournissait 130 litres en 82 secondes, ce qui portait la valeur de la source à 95 litres par minute. Cette évaluation fut faite en recueillant l'eau par le trop-plein des piscines, qui offraient, dans divers points de leur surface, quelques fuites assez sensibles. Le 7 novembre 1850, pendant que la grande sécheresse que nous avons éprouvée durait encore, l'eau recueillie directement du puits où elle s'élève, et par conséquent sans perte appréciable, dépassait 90 litres par minute.

La température de l'eau est aussi assez constante, quelle que soit celle de l'air extérieur. M. Bérard l'avait trouvée, le 8 août 1823, de 26 degrés centigrades, la température de l'air étant de 30 degrés ; le 26 mars 1846, un thermomètre plongé dans le réservoir de la source, marquait 25°,5, tandis que la température extérieure était de 16°,5 ; enfin, le 7 novembre 1850, le thermomètre s'élevait à 25°,5, quand il était immergé dans l'eau de la source, l'air extérieur étant à 13°.

Sous l'influence des variations de la chaleur atmosphérique dans les diverses saisons de l'année, la source de Foncaude reste donc aussi constante pour sa température, qu'elle est invariable pour le volume de ses eaux, malgré les pluies abondantes ou la sécheresse que l'on remarque dans ces mêmes saisons. Cette circonstance est précieuse sous le rapport des effets constants qu'on a le droit d'attendre d'un agent thérapeutique qui se montre toujours le même. Elle prouve, en outre, que, dans son trajet, l'eau minérale ne se mêle point avec les eaux qui, dans les saisons pluvieuses, peuvent s'infiltrer à travers les terrains qu'elle traverse, et fait supposer que s'il pouvait y avoir quelque avantage à recueillir la source plus près de son lieu ascensionnel, pour la conduire, au moyen d'emménagements mieux entendus, jusqu'au point de son émergence actuelle, ce serait tout au plus pour retenir une partie de l'acide carbonique qui se dégage dans sa course souterraine, et pour lui conserver quelques degrés de chaleur qu'elle peut perdre.

L'eau de Foncaude est claire, limpide et très-onctueuse au toucher. Par un repos prolongé au contact de l'air libre, sa surface se couvre de couleurs irisées et d'une légère pellicule qui retient, sous forme de bulles assez volumineuses, le gaz qui se dégage spontanément. Son goût est un peu fade, ce qui tient en partie à la température de l'eau ; car, quand elle est refroidie, elle a une saveur très-légèrement aigrelette. Suivant les variations de la pression atmosphérique, on voit les gaz que cette eau contient, s'élever dans le réservoir où elle est primitivement reçue, tantôt sous forme de petites bulles très-multipliées, tantôt sous forme de bulles très-grosses et plus rares. Dans les diverses analyses qui ont été faites de ces eaux, on n'a pas reconnu la nature de ces gaz, sans doute à cause de la difficulté d'en recueillir une quantité suffisante; mais tout porte à croire que c'est de l'acide carbonique. Lorsque la pression atmos-phérique est peu considérable, l'eau que l'on reçoit dans un verre par le robinet de la buvette, laisse voir, tant qu'elle est agitée, des myriades de bulles gazeuses infini-ment divisées et qui crèvent à la surface. Ce phénomène manque sous une pression plus élevée; mais, après quelques instants de repos, une grande quantité de petites bulles se fixent sur les parois du verre et s'en détachent par l'agitation. De même, pendant qu'on est plongé dans le bain, il suffit de rester immobile pendant quel-ques minutes, pour que toute la surface du corps soit recouverte de petites bulles gazeuses, que le moindre frottement fait élever à la surface de l'eau. Ce fait se renouvelle, pendant toute la durée du bain, avec une rapidité et une abondance de dégagement toujours égales, et témoigne ainsi de la difficulté avec laquelle l'eau laisse échapper spontanément les gaz qu'elle renferme. Les détails de l'analyse que je vais bientôt rapporter, feront encore mieux ressortir cette circonstance.

A l'orifice du fuyant par où s'échappe le trop-plein
de la source, on voit des plaques noirâtres, qui ont été
examinées au microscope par M. le docteur Fontan, lors
de la visite qu'il fit à Foncaude, au mois de mars 1848.
Ces eaux furent pour lui le sujet d'une étude sérieuse ;
et dans la note pleine d'intérêt qu'il voulut bien me
remettre sur l'analyse qualitative qu'il avait faite sur les
lieux, M. le docteur Fontan rend ainsi compte de l'examen de ces plaques : « Elles offrent une trame composée
» d'oscillaires entremêlées de nombreuses navicules ; on
» y voit aussi un infusoire sans carapace, qui prend
» diverses formes dans ses mouvements : tantôt arrondi,
» tantôt elliptique comme une sangsue, tantôt allongé
» et levant la tête, c'est un véritable Protée dont on ne
» peut jamais arrêter la forme. Je l'ai déjà trouvé, il y
» a plus de huit ans, dans plusieurs sources. » Du reste,
comme on devait s'y attendre, la partie de cet examen,
qui eut seulement pour but de déterminer la nature des
substances que renferme les eaux de Foncaude, y signale
tout ce que les savants professeurs de chimie que M. le
Préfet de l'Hérault avait chargés d'analyser cette source
minérale, avaient consigné dans leur remarquable travail, que je reproduis ici tel que l'a rédigé M. Bérard.

« On a cherché à déterminer par le moyen de l'ébullition, la nature et la quantité de gaz contenu dans
cette eau : 10 litres d'eau donnent 0 lit. 470 mesuré à
la température de 12° et à la pression de 0 m. 761.
Le gaz, ainsi dégagé, contient 52 pour cent d'acide
carbonique ; le reste est de l'air et consiste en 8 d'oxy-

gène et 40 d'azote. Mais on doit observer qu'on n'a pas
ainsi dégagé de cette eau tout l'acide carbonique qu'elle
contient. Le gaz est si fortement retenu, que les dernières portions ne s'échappent que quand l'eau est presque
toute évaporée. Ce qui le prouve, c'est que les carbonates
de chaux et de magnésie que cette eau abandonne par
l'évaporation, continuent à se déposer à mesure que l'eau
bout, presque jusqu'à la fin.

» A mesure qu'on l'a fait évaporer, il s'en sépare une
poudre blanche. Cette séparation commence dès que l'eau
a bouilli ; on s'en aperçoit surtout si on la laisse re-
froidir après quelques minutes d'ébullition. Ainsi que
nous l'avons dit, cette précipitation de poudre blanche
continue à mesure qu'on évapore l'eau, jusqu'à ce qu'il
n'en reste que quelques centilitres. Dix litres d'eau ont
laissé déposer ainsi 2 gram. 110 de cette poudre blanche
bien desséchée. L'analyse de cette poudre a prouvé qu'elle
contenait 1 gram. 880 de carbonate de chaux, 0,163
de carbonate de magnésie et 0,67 d'alumine et de carbonate de fer.

» Les carbonates de chaux, de magnésie et de fer,
ainsi que l'alumine que nous avons trouvée dans l'eau
de Foncaude, y sont maintenus en dissolution par l'acide
carbonique, et s'en séparent quand on dégage cet acide
par l'ébullition.

» L'eau, après cette séparation, ne tient plus d'autres sels qu'une trace de sulfate de chaux, une certaine
quantité de chlorure de magnésium et un peu de chlorure de sodium. Sur dix litres d'eau on a trouvé une

quantité de ces deux chlorures égale, pour le chlorure de magnésium, à 0,589, et pour le chlorure de sodium, à 0,162.

» Outre ces sels, l'eau de Foncaude contient encore une petite quantité d'une matière organique, dont on n'a pas pu exactement reconnaître la nature, mais qui est, selon toute apparence, de la barégine, et qui rend l'eau légèrement onctueuse. On peut facilement en rendre la présence évidente, par les expériences suivantes : Si, en évaporant environ trois litres d'eau, on sépare les dernières portions de carbonates insolubles que l'eau abandonne, qu'on les mette dans une petite capsule de porcelaine, et qu'on y verse quelques gouttes d'acide sulfurique concentré, après l'effervescence on reconnaît que la matière devient noire, surtout en s'échauffant. Cet effet ne peut être produit que parce que l'acide sulfurique s'est trouvé en contact avec une matière organique. De plus, si l'on réduit par l'évaporation trois litres d'eau à quelques centilitres, qu'on les tire bien au clair dans une petite capsule de porcelaine, qu'on y ajoute quelques gouttes d'acide sulfurique concentré et qu'on dessèche la matière; quand il ne reste plus dans la capsule que quelques gouttes de liquide, il se dégage du gaz hydrochlorique provenant des chlorures que l'eau contient; bientôt la liqueur noircit, et, en desséchant tout à fait, on obtient un résidu complètement noir, ce qui annonce aussi de la matière organique tenue encore en dissolution.

» L'eau de Foncaude contient donc sur 10 litres ou 10 kilogrammes, une quantité de gaz égale environ à un demi-litre, formé de parties à peu près égales d'air et d'acide carbonique; plus :

Carbonate de chaux......... 1,880.
Carbonate de magnésie...... 0,163.
Alumine et carbonate de fer.. 0,067.
Chlorure de magnésium...... 0,589.
Chlorure de sodium......... 0,162.
Sulfate de chaux, quantité très-faible et indéterminée.
Substance organique analogue à la barégine, quantité très-faible et indéterminée. »

Cette analyse, qui doit faire rapprocher les eaux de Foncaude des eaux thermales acidules, parmi lesquelles M. Patissier les a classées [1], semble justifier la remarque faite par Vigarous et Saint-Pierre. L'un et l'autre, s'appuyant sur les faibles proportions des substances qu'elles renferment, font observer que, d'après cette circonstance, elles devraient posséder une action bien moindre que celle dont l'expérience avait déjà fait foi. Mais, comme l'observent aussi ces médecins, ce n'est pas toujours par la combinaison d'un grand nombre de substances diverses et à doses élevées, qu'il faut chercher à expliquer l'action des eaux minérales. L'expérience prouve chaque jour que, tout en différant par le nombre et la quantité proportionnelle des substances qu'elles renferment, les eaux qui appartiennent à une même classe n'en

---

[1] *Manuel des eaux minérales naturelles;* 2e édit., pag. 280, 1837.

sont pas moins utiles les unes que les autres. Et si, dans
certains cas, il est avantageux de pouvoir donner la préférence à l'une ou à l'autre des sources connues, en se
guidant d'après la prédominance d'un ou de plusieurs de
ses principes constituants, il n'en est pas moins vrai que
c'est en général en les considérant comme un corps
simple ou du moins d'une composition toujours la même,
que chaque source doit être étudiée, quant à ses effets
physiologiques et médicaux. D'après les principes que
contiennent les eaux de Foncaude, MM. Bérard et Fontan
les ont surtout rapprochées des eaux d'Ussat, et, bien que
moins chaudes, moins salines que celles-ci, elles n'en
développent pas moins des effets physiologiques analogues,
qui permettent de les employer, les unes et les autres,
dans des circonstances pathologiques semblables. C'est,
du reste, ce que l'expérience m'avait déjà démontré de
bonne heure, et ce qu'elle confirme chaque année, depuis
qu'une affluence considérable de malades m'a permis de
nombreuses observations, devenues parfois comparatives,
en ayant pour sujets des malades venus à Foncaude
après avoir, dans d'autres circonstances, fait usage des
eaux d'Ussat. Tout ce que j'ai à dire sur les effets physiologiques qui surviennent après le bain pris dans les
eaux de Foncaude et sur leurs conséquences thérapeutiques, justifiera de plus en plus l'analogie sur laquelle je
viens d'insister, en montrant en outre que l'action de
nos eaux minérales a été appliquée, avec le plus grand
succès, aux maladies cutanées contre lesquelles les eaux
d'Ussat sont peu conseillées, à cause peut-être des eaux
sulfureuses qui les avoisinent.

CHAPITRE II.

EFFETS PHYSIOLOGIQUES ET THÉRAPEUTIQUES DES EAUX
DE FONCAUDE.

Effets physiologiques. — La composition d'une eau
minérale une fois bien constatée, ce qu'il importe le
plus de chercher à connaître, c'est l'effet immédiat que
cette eau détermine sur le corps humain soumis à son
action. Dans cette étude, quand l'analyse chimique permet de rapprocher la source dont on s'occupe d'autres
sources bien connues, ce que l'on sait déjà de l'action
de ces dernières devient naturellement le premier guide
auquel on se confie. Mais un rapprochement pareil, qu'il
me serait bien facile d'invoquer en faveur de Foncaude,
ne saurait fournir que des indications générales, qu'il est
indispensable de rendre à la fois plus certaines et plus
complètes par l'étude de ce qui se passe auprès de chaque
source en particulier. C'est ainsi seulement que l'on
parvient à apprécier ces modifications plus ou moins
délicates, ces nuances spéciales d'action qui s'attachent à
chaque source minérale et qui la rendent surtout appli-
cable à telle ou telle maladie. C'est ainsi, par exemple,
que pour des sources anciennement connues et rangées
dans la même classe, telles que Bonnes, Luchon, Saint-
Sauveur, bien que leur composition offre les plus grandes
analogies, on est arrivé à reconnaître qu'il faut recher-

cher plus spécialement, les unes pour les maladies de poitrine , les autres pour les affections de la peau, les autres pour les douleurs nerveuses.

Des considérations de cette nature ont dû m'imposer l'obligation d'étudier, de comparer avec soin tous les faits qui, depuis près de dix années, se passent sous mes yeux. C'est de leur analyse seule que j'ai déduit les effets directs ou secondaires, qui, dans les circonstances communes, suivent l'emploi des eaux de Foncaude; et lorsque j'ai voulu déterminer les indications qui les font conseiller, les contre-indications qui les repoussent, c'est encore à la même source que j'ai puisé tout ce qu'il m'importait de connaître sur les modifications imprimées à l'action des eaux par les circonstances dépendantes du bain, des agents extérieurs , du malade ou de la maladie. Ce n'est donc que les seuls résultats d'une étude tout entière basée sur les faits, que je vais exposer ici.

Un bain pris dans les eaux de Foncaude à la température de 33° à 35° cent., et prolongé de trois quarts d'heure à une heure, détermine les phénomènes suivants : La température de la peau est généralement abaissée , en même temps que celle-ci se décolore ; de là résulte une disposition notable à l'apparition de petits frissons généraux. Le sentiment qui s'y rattache n'est point celui l'un froid caractérisé , bien établi, profond, mais il suffit pour faire rechercher de préférence les lieux où règne une douce chaleur, un air calme et sec ; on s'éloigne avec plaisir du voisinage des lieux humides. En même temps, le besoin de repos se fait sentir ; une espèce de lassitude

générale, une disposition souvent très-marquée au sommeil l'accompagne ; et pendant cette période, qui dure
plus ou moins selon les individus, la respiration libre,
facile, est un peu plus prolongée et plus rare; le pouls
régulier présente un peu d'amplitude et d'élévation : il
est devenu plus lent, et dans bien des cas j'ai noté jusqu'à dix et quinze pulsations par minute, au-dessous du
nombre qu'il atteignait avant le bain. Chez les personnes
d'une force moyenne, ces phénomènes durent en général
de demi-heure à trois quarts d'heure, quand, immédiatement après le bain, elles se livrent au repos, au lieu
de chercher à les dissiper par du mouvement, par de
l'exercice en plein air et au soleil. Mais, au bout de ce
temps et sous la seule influence des forces naturelles, à
cet état de sédation succède peu à peu une activité plus
grande dans la circulation ; le pouls s'accélère sans cesser
d'être régulier, se développe davantage ; il finit par acquérir un certain degré d'expansion, et parfois même
prend assez de dureté pour que l'artère résiste avec quelque
force au doigt qui cherche à la déprimer. En même
temps, la respiration s'accélère, la lassitude se dissipe et
fait place à plus de liberté dans les mouvements ; une
chaleur douce, active, pénétrante, se répand dans tous
les membres, ramène dans tous les organes plus de force,
plus d'activité, plus de vie, et se propage, de l'intérieur
à l'extérieur, jusqu'à la surface de la peau qui retrouve,
avec sa souplesse, son coloris habituel et que j'ai vue
maintes fois se couvrir, dans certains points, d'une rougeur érythémateuse passagère comme la réaction qu'elle

accompagnait. D'après tous les détails qui précèdent, il
est facile de voir dans les effets physiologiques les plus
ordinaires des eaux de Foncaude, d'abord une action
sédative qui, se faisant premièrement sentir sur la peau,
se propage de là aux principaux systèmes ; en second
lieu, une réaction prompte, facile, qui réveille à la fois
toutes les fonctions, mais qui fixe vers la peau son siége
principal, et concentre sur elle d'une manière plus spéciale
les forces de la vie.

Ces effets obtenus dans des circonstances données, ne
se montrent pourtant pas toujours avec la même régularité, avec le même ensemble. Des conditions différentes
dans ce qui se rattache au bain, aux influences qui après
lui agissent sur le baigneur, au baigneur lui-même et à sa
maladie, modifient plus ou moins les effets physiologiques
que je viens d'indiquer, et méritent sous ce rapport une
étude particulière.

Il est inutile de s'arrêter ici sur les différences qu'on
aurait à noter, dans les cas où la température des bains
pris à Foncaude, serait celle d'un bain froid ou d'un
bain très-chaud. Dans ces deux cas, c'est par la température que le bain agit, surtout quand elle est assez
prononcée pour que le séjour dans l'eau ne puisse pas
être prolongé. Mais, sans atteindre ces limites extrêmes,
on peut fixer la température du bain à quelques degrés
au-dessus ou au-dessous de celle d'un bain ordinaire.

Dans le premier cas, l'effet sédatif est en général
moins bien caractérisé. L'action excitante que la peau
éprouve par une élévation de température de quatre ou

cinq degrés centigrades, semble s'opposer à cet abaissement de son activité naturelle, qui bientôt eût gagné les
principales fonctions. Cette attraction, même légère, qui
résulte du sentiment de chaleur dont la peau est alors le
siège, établit une marche toute différente dans les effets
physiologiques. Inaperçus ou passagers, sur des sujets
dont les forces sont encore en bon état, je les ai vus, chez
certains malades fatigués par la douleur, augmenter rapidement la débilité générale, malgré le bien—être apparent
ressenti pendant la durée de chaque bain. Plus souvent
encore, des personnes douées d'une susceptibilité nerveuse très—prononcée, en sont devenues de plus en plus
excitables. Ainsi, une jeune dame dont je rapporterai
l'histoire, et qui avait déjà retiré des bains de Foncaude
la guérison d'insomnies prolongées dues à trop d'excitation
du système nerveux, se plaignait, l'année suivante, de
ressentir de l'emploi du même moyen des effets tout à fait
opposés. Elle avait élevé, cette année, de trois à quatre
degrés centigrades la température de l'eau de son bain.
La ramener à 33° suffit, au bout de quelques jours,
pour reproduire le calme que cette dame venait chercher
à Foncaude. Des observations analogues se sont fréquemment répétées chez les personnes impressionnables au
froid. La première sensation que leur cause une eau chauffée à 33 ou 35 degrés centigrades, est en général si peu
agréable, qu'elles sont naturellement portées à élever la
température de leur bain avant de s'y plonger. Il faut
alors leur permettre, en se mettant à l'eau, quelques
degrés de plus; mais, pour éviter les mauvais effets

qui ne manqueraient pas de suivre l'action de bains trop chauds, on doit peu à peu, en ajoutant de l'eau à la température naturelle, abaisser assez rapidement celle du bain au point indiqué.

Autrefois, les eaux de Foncaude s'employaient au degré de chaleur qui leur est naturel, et un assez grand nombre de malades prennent encore aujourd'hui leurs bains dans la piscine. Malgré cette température de quelques degrés plus basse que celle que nous avons adoptée, les effets des eaux se montrent en général assez analogues à ceux que j'ai exposés. Mais, s'il suffit, pour expliquer ce fait, d'observer que le mouvement, permis dans les piscines, impossible dans les baignoires, aide beaucoup à supporter sans peine, dans les premières, une température inférieure de quelques degrés, il ne faut pas oublier d'observer aussi que le bain qu'on y prend à la température naturelle de l'eau, doit être peu prolongé. Ce n'est qu'avec la précaution de ne pas lui donner, terme moyen, plus d'une demi-heure de durée, que j'en ai obtenu des résultats favorables. Ils étaient amenés par le double effet d'une sédation modérée, d'une réaction facile et générale, et c'est surtout dans certains cas de faiblesse spéciale du système nerveux, compliquée, comme cela arrive si souvent, d'exaltation de la sensibilité, que j'ai vu réussir ce mode d'administration. Parmi les personnes qui venaient à Foncaude, j'ai vu, sans doute, des hommes en pleine santé prolonger impunément au-delà du temps que je viens d'assigner, le bain qu'ils prenaient dans la piscine; mais encore, dans ces cas, j'ai pu me convaincre qu'il

ne fallait pas trop multiplier les bains. En les prenant
chaque jour, l'action sédative d'une température basse et
prolongée s'ajoute à celle de l'eau minérale, et oblige
bientôt à ne pas insister davantage. Bien des personnes
qui, grâce au bon état de leurs forces générales, avaient
cru pouvoir prendre chaque jour leurs bains de piscines,
n'hésitaient pas à leur attribuer l'affaiblissement général
dont elles ne tardaient pas à s'apercevoir, et que, dans
d'autres circonstances, elles n'avaient pas ressenti à la
suite de bains simples, aussi froids et aussi nombreux.

La durée du bain est une des circonstances qui peuvent exercer une influence réelle sur le développement
de ses effets; et j'ai déjà dit qu'une immersion de trois
quarts d'heure à une heure dans les eaux de Foncaude,
portées à la température de 33 à 35 degrés centigrades,
était le terme moyen que l'expérience avait montré
comme le plus propre à faciliter les phénomènes de
sédation et de réaction que j'ai décrits. Je n'ai pas besoin de signaler l'influence tout à fait nulle d'un bain
trop peu prolongé. Quelle que soit la susceptibilité des
sujets, leur séjour dans l'eau reste alors sans effet, par
cela seul que le temps nécessaire à l'action de celle-ci
pour s'établir, lui a complètement manqué. Mais, si le
bain se prolonge bien au-delà du temps indiqué, l'effet
sédatif devient beaucoup plus considérable. Alors, ce
n'est qu'avec plus de peine que la réaction s'établit,
et pour peu que les forces générales fassent défaut, ces
efforts journaliers qu'on leur impose ne manquent pas
d'amener une débilitation plus évidente et plus profonde.

C'est ainsi que les choses se sont passées chez certains sujets épuisés par de longues maladies. Malgré la faiblesse extrême dans laquelle chaque bain les avait jetés, les réactions finissaient bien par avoir lieu, quelquefois même avec une certaine énergie ; mais il était bientôt facile de reconnaître, par la langueur plus prononcée qui survenait après quelques bains seulement, que les efforts opérés par la nature pour réagir chaque jour contre une action sédative trop profonde, n'avaient eu pour résultat que d'ajouter à la faiblesse générale. Si, dans les cas de cette espèce, quelque organe interne était le siège habituel d'un mouvement fluxionnaire passif, les bains trop prolongés ne manquaient pas de l'aggraver. Cette habitude fluxionnaire résistait à l'action sédative des eaux, peut-être même en était-elle aggravée et devenait-elle ainsi de plus en plus capable de détourner, à son profit, les mouvements de réaction qui n'étaient plus assez énergiques pour se concentrer activement sur la peau.

J'ai presque toujours vu, dans ces cas, l'aggravation des phénomènes locaux, conséquence de bains trop prolongés, démontrer avec quelle surveillance on doit les éviter lorsque la faiblesse est extrême, et surtout quand elle s'accompagne de dispositions fluxionnaires fixées depuis longtemps sur un organe interne.

Je n'ai pas besoin de chercher à prouver qu'à Foncaude, comme dans tous les établissements de ce genre, l'action des eaux est, jusqu'à un certain point, modifiée par celle des principaux agents extérieurs ; ainsi, elle est quelquefois influencée par le degré de sécheresse ou d'humidité de l'air, par sa température, son état électrique, et par la nature des vents qui règnent. On comprend aussi aisément combien, pendant la durée de l'action sédative, il peut être nécessaire, dans certains cas, d'entourer le malade de calme et de repos, d'éviter les perturbations fâcheuses et les réactions désordonnées. J'ai vu bon nombre de malades qui, peu sensibles en apparence à l'action directe des eaux, croyaient pouvoir, sans le moindre inconvénient, se promener, chercher d'agréables distractions, dès qu'ils étaient sortis de leur bain. L'expérience leur apprenait bientôt qu'ils devaient en ce moment s'entourer de calme et de repos, s'ils ne voulaient pas échanger contre un effet fâcheux, les bons résultats qu'ils pouvaient s'assurer à l'aide de quelques précautions.

Quelques faits inséparables de ce qui se rapporte à l'influence exercée par diverses circonstances dont j'ai fait mention, sur les effets physiologiques des eaux de Foncaude, ont, sans doute, fait pressentir celle qu'il faut accorder aux idiosyncrasies des malades. Quelques détails sont encore nécessaires pour la faire exactement apprécier. Souvent un bain, administré avec toutes les conditions prescrites, ne produit pas de résultat immédiat appréciable. Cependant, même dans des cas de ce genre, j'ai vu des maladies anciennes de la peau se modifier avantageusement au bout d'un certain nombre de bains, et des affections catarrhales, dont le siége était fixé sur diverses membranes muqueuses, éprouver de grandes améliorations et parfois même disparaître. Des douleurs rhumatismales chroniques, sujettes à des retours fréquents et assurés aux moindres variations atmosphériques, ont souvent cessé de se manifester après des bains multipliés, dont on paraissait, d'abord, n'avoir éprouvé aucune action directe. A ce genre de faits se rattachent des guérisons survenues un certain temps après que les malades avaient quitté les eaux sans soulagement apparent. Parmi celles-ci, je citerai plus tard l'observation d'une affection rhumatismale, compliquée de contractures musculaires, que les bains n'avaient d'abord nullement modifiée, et qui cependant disparut en entier, un ou deux mois après, sans qu'on eût employé contre elle aucun autre moyen. Dans ces cas de guérisons obtenues sans que l'action primitive des eaux se soit manifestée, il est, ce me semble, assez rationnel d'admettre qu'une idiosyncrasie particulière a rendu les malades moins sensibles aux effets directs des bains, et que, chez eux, le calme et la réaction qui les suivent, se sont assez faiblement dessinés pour rester inaperçus.

N'est-ce pas encore par une idiosyncrasie particulière qu'il faut se rendre compte des sur-excitations fâcheuses, qui, dans d'autres circonstances, ont succédé à des effets sédatifs très-prononcés, ou qui se sont manifestées sans que ces derniers aient paru? J'ai cherché à guérir à Foncaude, chez une personne douée d'un tempérament lymphatique et d'une excitabilité nerveuse très-grande, une névralgie qui, le plus souvent fixée sur divers points de la tête, se rattachait évidemment à une affection rhumatismale. L'accomplissement régulier des principales

fonctions annonçait le bon état des forces générales, et
cette circonstance surtout m'avait fait espérer d'heureux
résultats de l'emploi de ces eaux sédatives. Les premiers
bains pris à la température de 35 degrés centigrades,
et d'une heure de durée, produisirent en effet chaque
fois une sédation très-prononcée, mais elle fut suivie de
réactions si fatigantes et d'une augmentation si grande
des douleurs névralgiques, qu'il fallut renoncer à continuer plus longtemps ce moyen. J'eus alors recours
aux eaux de La Malou, que j'avais d'abord jugées trop
excitantes à cause de l'état du système nerveux, et sous
leur action, qui fut aussi favorable que celle de Foncaude avait été nuisible, la guérison fut prompte à se
montrer. Je ne m'arrêterai pas davantage sur les faits
qui pourraient prouver de plus en plus qu'à Foncaude,
comme auprès de toutes les sources minérales, on voit
l'idiosyncrasie des malades apporter de fréquentes variations dans les effets physiologiques qu'elles doivent produire. Peut-être même ai-je trop insisté sur ce point,
car cette influence est si clairement démontrée pour tout
le monde, que, dans tout ce que j'ai dit de la température du bain, de sa durée et même de l'intervention des
agents-extérieurs, on n'aura pas manqué de donner une
part bien réelle aux idiosyncrasies, dont l'action venait
se confondre avec celle des circonstances indiquées.

Enfin, la maladie elle-même, par la manière dont
elle modifie les dispositions générales du sujet qu'elle
affecte, peut lui faire ressentir l'action des eaux de
façon à dénaturer leurs effets physiologiques, et, ce

qui est bien plus fâcheux, à en altérer toutes les conséquences. Tantôt, par exemple, elle exagère l'effet
sédatif, prolonge sa durée, retarde la réaction, et rend
son développement pénible et fatigant pour le malade,
qui s'affaiblit de plus en plus ; c'est ce que j'ai vu se
produire chez un sujet dont les forces générales étaient
épuisées par une maladie organique des premières voies.
Tantôt une sédation modérée est suivie d'une réaction
qui ne conserve plus avec elle aucun rapport propor-
tionnel. Alors, les phénomènes qui constituent la réaction acquièrent une intensité assez élevée pour qu'elle
prenne rapidement toutes les apparences d'un mouvement
fébrile, et s'accompagne d'une excitation générale, de
laquelle résulte parfois pour les malades, une fatigue
consécutive assez grande. La chaleur générale, la sécheresse de la peau, la céphalalgie, la vivacité et la fréquence du pouls, qui constituent en général cet état,
s'accompagnent aussi, dans quelques cas, de douleurs
contusives dans les membres, et se prolongent, chez
certains sujets, assez longtemps pour causer de pénibles
insomnies. Des résultats semblables se sont manifestés
chez des personnes dont l'excitabilité naturelle avait été
fortement exaltée par de longues maladies nerveuses ;
ils les ont obligées d'interrompre les bains. Alors, je les
ai même vus survenir, malgré la précaution qu'on avait
eue de mitiger les eaux de Foncaude avec parties égales
d'eau ordinaire, et se présenter assez développés pour
qu'il fallût renoncer à l'usage de ces eaux. Il faut, sans
doute, tenir compte de ces faits, dans l'étude des effets

physiologiques des eaux de Foncaude; mais il faut aussi, en les considérant comme un résultat qui se rattache à une disposition morbide particulière, voir seulement en eux la source d'une contre-indication accidentelle, et la preuve que, malgré la faible dose des principes constituants de ces eaux, il faut encore, dans certaines circonstances, user de leur emploi avec quelque prudence.

Effets thérapeutiques. — L'emploi journalier des eaux de Foncaude détermine, après un certain nombre de bains, deux sortes de résultats, qui découlent, d'une manière directe, des deux genres d'effets auxquels ils succèdent, et peuvent être considérés comme des effets thérapeutiques. Une action calmante est la suite de la reproduction fréquente de l'influence sédative des bains; une action tonique particulière à l'organe cutané, est la conséquence de la concentration des forces de la vie, qu'appellent journellement vers lui les réactions qui succèdent aux bains. Le premier de ces effets doit avoir pour résultat la cessation complète de la douleur; et c'est en réalité ce qui arrive, quand on soumet à l'action des eaux de Foncaude des affections de divers genres, dans lesquelles la douleur est un des éléments les plus importants à dissiper. Le second se borne le plus souvent à produire une augmentation, soutenue mais modérée, des forces vitales de la peau; d'autres fois, il détermine sur cet organe un véritable état de sur-excitation morbide, qui se traduit par des manifestations locales très-variables.

Quand il se borne à ranimer les forces de la peau,
il peut, par cela seul, servir dans certains cas à ramener
à l'état normal sa sensibilité naturelle ; il peut rétablir
des sueurs générales ou locales, dont la suppression
aurait causé diverses maladies ; il peut, enfin, activer
assez toutes les fonctions cutanées, pour qu'elles deviennent un puissant moyen de révulsion. Dans toutes
ces circonstances, sa valeur thérapeutique ne saurait
être mise en doute. Mais si, comme cela a lieu dans
bien des cas, sous l'influence de cet appel journalier des
forces vers elle, la peau devient le siége d'une sur-excitation morbide, faut-il alors cesser de voir dans ces
manifestations une action thérapeutique, et les éruptions
diverses qui d'ordinaire les constituent sont-elles, au
contraire, de nature à faire mal augurer de l'action des
eaux sur les malades qui les présentent ? Je suis bien
loin de le penser, et l'examen des faits que nous allons
passer en revue pour montrer la réalité des effets con-
sécutifs ou thérapeutiques que je viens de signaler en les
classant sous deux groupes distincts, montrera que ces
phénomènes de sur-excitation morbide de la peau sont
très-souvent eux-mêmes un moyen indirect d'arriver à
la guérison. Déjà, du reste, dans son excellent *Manuel
des eaux minérales*, M. Patissier avait dit, à propos
de manifestations semblables, que, loin d'en être ef-
frayés, les malades doivent les regarder comme une
cause de guérison[1]. Mais, ainsi que je l'ai annoncé,

---

[1] *Ouv. cit.*, pag. 84.

cherchons à prouver par les faits : d'un côté, la réalité d'une sédation prolongée; de l'autre, l'existence de l'action tonique dirigée vers la peau, et capable de s'y montrer par des phénomènes si divers.

R..., âgé de 35 ans, exerçant au Petit-Gallargues la profession de brûleur, fut atteint, sans cause connue, d'une douleur très-vive à la région lombaire, des deux côtés de la colonne vertébrale, mais surtout à gauche. La douleur était constante et s'exaspérait par le moindre mouvement de torsion des reins, ou quand le malade se baissait; quand il marchait, il était obligé de se redresser fortement comme pour se recourber en arrière. De temps en temps les douleurs se modéraient, sans jamais disparaître en entier, et, durant ces courts intervalles de calme, une douleur vive, lancinante, se faisait sentir à la plus légère secousse éprouvée en marchant, ou lorsque, après s'être baissé, le malade se relevait sans les plus grandes précautions. Divers moyens avaient été mis en usage par M. le docteur Cavani, qui, voyant leur insuccès, conseilla les bains de Foncaude.

Le malade s'y rendit au mois de juillet 1847, prit ses bains à la température de 35 degrés centigrades, les prolongea pendant une heure, et but chaque jour, avant ou après son bain, quatre verres d'eau minérale.

Après le sixième bain, la marche était déjà beaucoup plus facile, et, pendant qu'elle s'accomplissait, le corps conservait sa position naturelle. Les reins étaient moins raides, tous les mouvements de torsion ou de flexion de la colonne vertébrale étaient devenus faciles, sans douleur. Après le douzième bain, la guérison était complète.

Une dame, âgée de 42 ans, d'un tempérament sanguin nerveux, était autrefois très-abondamment réglée chaque trois semaines, et parfois chaque quinze jours. Depuis trois ans, la menstruation avait cessé. Une éruption dartreuse héréditaire s'était fixée, quelques années auparavant, sur la partie supérieure de la face interne des cuisses, où elle se manifestait sous forme de plaques rouges, excoriées, avec vives démangeaisons et quelquefois écoulement séreux. L'excitation des parties malades était ordinairement si vive qu'elle rendait la marche pénible, et que la malade était obligée de recourir à de fréquentes lotions pour se soulager momentanément. Un écoulement leucorrhéique abondant et âcre existait parfois en même temps que l'affection cutanée, et sans qu'il s'accompagnât d'aucune douleur, soit vaginale, soit utérine.

Dans le courant de l'hiver de 1846 à 1847, Madame... éprouva de vives émotions. Bientôt après survinrent des douleurs qui, partant du creux des aisselles, se propageaient à chaque bras sur toute l'étendue des nerfs brachiaux, puis au-dessous des seins et jusque dans la poitrine, où elles produisaient souvent une sensation des plus pénibles, non-seulement par l'oppression qu'elles causaient, mais par l'acuité des élancements qui se portaient de la région sternale au milieu des épaules.

La malade vint à Foncaude, au mois de juillet 1847;

elle prit ses bains à une température de 33 à 34 degrés centigrades, et les prolongea pendant trois quarts d'heure d'abord, puis pendant une heure. Après le huitième bain, les douleurs de la poitrine, des seins, des aisselles et des bras avaient complètement disparu ; la respiration avait retrouvé toute sa liberté.

Nul effet sensible ne s'était encore manifesté sur l'affection dartreuse, après le quatorzième bain. Elle disparut pourtant après un plus grand nombre ; mais, vers la fin de l'hiver suivant, elle reparut, tandis que les douleurs névralgiques ne se sont jamais remontrées. Madame.... revint à Foncaude en 1848 ; l'amélioration nouvelle qu'elle en retira pour l'affection dartreuse, l'y ramène depuis lors chaque année, autant que ses occupations le lui permettent, sûre qu'elle est d'y trouver sous ce rapport un tel soulagement, qu'elle le considère comme une guérison.

Une jeune fille de 18 ans, habitant le village de Clapiers, ordinairement bien réglée et d'une bonne constitution, avait plusieurs fois supporté de grands froids et de longues pluies, en se rendant de son village au lieu de son travail. Elle éprouvait, depuis une année, des douleurs qui, d'abord fixées dans la profondeur de la région iliaque droite et s'étendant jusque vers les lombes, finirent par se fixer sur l'origine du grand nerf sciatique du même côté, se propageant de là sur toute la longueur de la cuisse. Les atteintes névralgiques, d'abord très-vives, se prolongeaient seulement pendant quelques jours, puis laissaient entre elles d'assez longs

intervalles. Mais bientôt elles étaient devenues plus intenses, plus longues et surtout plus rapprochées. Presque
entièrement perclue du membre pelvien droit, obligée
d'aider sa marche avec des béquilles quand elle était for-
cée de faire quelques pas, la malade avait dû abandonner
son travail. Elle vint à Foncaude dans l'été de 1847,
sur les conseils de M. le docteur Cavani, qui d'abord
avait inutilement employé contre cette douleur la plupart
des remèdes rationnels usités en pareil cas.

Les bains furent donnés à la température de 35 degrés
centigrades et prolongés au moins pendant une heure.
Le premier amena déjà une diminution notable dans
l'intensité de la douleur, et le membre était devenu plus
souple, plus libre dans ses mouvements. Ces effets se
prononcèrent chaque jour davantage, et, après le quatrième bain, la douleur n'existait déjà plus, la jeune
fille marchait sans aide et sans soutien. Elle se trouva
si bien au bout de dix bains, qu'elle n'en multiplia pas
davantage le nombre. Sa guérison ne s'est pas démentie
depuis lors.

Il me serait facile de rapporter un bien plus grand
nombre de faits, pour démontrer de plus en plus l'action sédative des eaux de Foncaude. Les observations
que je consignerai dans la dernière partie de ce travail,
témoigneront si souvent de leurs bons effets dans des cas
de douleur, soit aiguë, soit chronique, qu'il me paraît
tout à fait inutile d'en rapporter ici d'autres exemples.
Je me suis attaché à en présenter d'abord quelques-uns
des plus frappants, quelques-uns de ceux où l'action que

je cherche à prouver se présente claire, manifeste, durable, et ne laissant aucun doute sur sa cause réelle, puisque l'emploi des eaux n'a été combiné avec celui d'aucun autre moyen. Mais, quelque évidente que cette action sédative se soit montrée jusqu'ici, il ne faut pas supposer qu'elle s'établisse toujours avec la même facilité, la même promptitude, et surtout avec cette marche constante, soutenue, que nous pourrions lui assigner, si nous en jugions seulement par les faits que j'ai cités. Il est souvent nécessaire d'employer un plus grand nombre de bains, pour amener du soulagement; nous le verrons dans certains faits qui nous permettront d'apprécier en même temps quelques-unes des causes de ces difficultés plus grandes.

D'autres fois, une maladie paraît déjà céder aux premiers bains qu'on administre, et tout à coup, pendant qu'on insiste sur leur emploi avec une nouvelle confiance, tous les symptômes s'aggravent. Quand cette exaspération est peu de chose, il est possible de continuer le traitement; l'action sédative de l'eau minérale finit par se prononcer, le trouble survenu s'apaise et la guérison se trouve à peine retardée. Mais si le mal atteint un degré élevé, une interruption de quelques jours devient indispensable dans l'usage des bains. Elle suffit, dans tous les cas, pour laisser dissiper la sur-excitation qui s'est produite; alors on peut sans crainte recourir de nouveau à l'emploi de l'eau minérale, qu'on a rarement besoin d'interrompre une seconde fois, avant d'avoir obtenu une guérison définitive.

Je suis tenté de rapprocher de ces effets insolites, de cette sorte d'épiphénomène dans le développement de l'effet sédatif des eaux de Foncaude, ce qui se passe chez certains sujets qui viennent prendre les eaux, dans un moment où il n'existe aucune manifestation actuelle de leur maladie. Comme cela arrive dans beaucoup d'autres établissements d'eaux thermales salines, nous voyons alors les eaux de Foncaude réveiller quelquefois, après un certain nombre de bains, des douleurs de rhumatisme, des accès de névralgie, dont on espérait, au contraire, prévenir ou du moins éloigner le retour. Nous voyons, plus souvent encore, des affections dartreuses, momentanément effacées, reparaître après quelques bains. Ici, comme dans les faits que j'ai signalés précédemment, si la manifestation morbide est peu de chose, on peut continuer le traitement; si elle est plus grave, il faut l'interrompre pour le reprendre au bout de quelques jours; et, dans l'un et l'autre cas, l'action réelle des eaux se prononce, l'effet sédatif se manifeste, et les malades retirent pour l'avenir, de tous les bains qu'ils ont pris, tantôt un grand soulagement, tantôt une véritable guérison.

Ces variétés dans la manière dont l'action sédative des eaux de Foncaude s'établit chez les divers malades qui la recherchent, méritent-elles qu'on s'arrête à déterminer leur cause? Il est possible qu'elles soient dues aux réactions journalières qui surviennent après le bain. Mais je dois avouer qu'il ne m'a pas été possible de constater entre ces effets et cette cause présumée, des rapports constants d'intensité qui puissent servir à prouver leur enchaînement. J'ai quelquefois été forcé d'interrompre les bains, pour des exaspérations de symptômes qui n'avaient été précédées que par des réactions à peine sensibles. D'autres fois, au contraire, des réactions fortement prononcées ont paru chez des malades, dont les maux n'ont éprouvé qu'une aggravation momentanée si faible, qu'on a pu continuer le traitement sans la moindre interruption. Serait-il plus exact d'attribuer ces anomalies à des dispositions idiosyncrasiques ? Ce n'est peut-être qu'éluder la question et non la résoudre. Quoi qu'il en soit, je devais les signaler, à cause de l'importance qu'elles peuvent avoir dans la direction du traitement, et surtout en faveur de la preuve nouvelle qu'elles fournissent de l'action des eaux. L'obstacle plus grand qu'elle rencontre dans l'augmentation des symptômes, retarde seulement sa manifestation ; mais l'effet sédatif n'en a pas moins lieu et n'en conduit pas moins à la guérison du malade. Il nous est donc permis, dès à présent, de conclure, d'après l'analyse chimique, l'analogie et l'observation des faits, à la réalité des propriétés sédatives que j'ai toujours attribuées aux eaux de Foncaude. Cette assertion trouve, du reste, un nouvel et précieux appui dans l'opinion de M. le docteur Fontan, dont le nom fait autorité dans l'étude des eaux minérales, et je suis heureux de pouvoir invoquer ici, en faveur de la source de Foncaude, un aussi savant témoignage. Après avoir fait l'analyse de ces eaux, M. Fontan m'a laissé sur ce travail une note, dans laquelle il les rapproche

d'abord de celles d'Ussat et de Wiesbaden ; puis il ajoute :
« Les eaux de Foncaude doivent être essentiellement sé-
» datives, données en bains prolongés d'une heure à deux,
» de 25 à 27 degrés Réaumur, de 30 à 33 degrés
» centigrades. Elles peuvent, par conséquent, être
» utilement employées dans les maladies nerveuses, les
» sub-inflammations, les palpitations consécutives à
» des affections du cœur avec hypertrophie et état ner-
» veux, dans l'état sub-aigu des maladies cutanées et
» comme préparations aux bains des Pyrénées, ou quel-
» quefois, après ces bains, pour calmer l'excitation
» qu'ils produisent. »

Pour arriver à la démonstration complète des divers
effets que j'ai assignés aux eaux de Foncaude, il me
reste encore à prouver la réalité de ceux dont la peau
devient le siége. J'ai déjà dit que, sous l'empire des
réactions journalières qui semblent diriger plus spécialement vers elle les forces de la vie, la peau acquérait une
nouvelle force tonique. J'ai dit que, dans bien des cas,
cet effet trouvait sa preuve dans le simple rétablissement
des fonctions cutanées, dans leur activité plus grande ;
que d'autres fois, dépassant ces limites, il se démontrait
par l'apparition de phénomènes nouveaux portant un
caractère pathologique ; c'est ce que je vais tâcher de montrer par les faits.

Les actes rangés dans ces deux catégories, sont sans
doute distincts entre eux, comme doivent l'être néces-
sairement des actes physiologiques et des actes morbides ;
mais ils sont aussi, dans bien des cas, enchaînés les uns

aux autres, comme peuvent l'être les actes fonctionnels et les actes pathologiques d'un même organe. Il sera donc permis de s'appuyer également sur tous, dans des recherches où je ne dois négliger aucune des circonstances qui peuvent démontrer l'action tonique exercée sur la peau par les eaux de Foncaude. Cet effet est à mes yeux le plus utile complément de leur action sédative ; il la consolide ; et soit qu'il reste dans les limites où il imprime seulement plus de régularité, plus d'activité à une fonction naturelle, soit qu'il s'exagère au point de devenir lui-même un effet pathologique, il ouvre un champ si vaste aux indications que les eaux de Foncaude peuvent remplir, qu'il est de la plus grande importance de prouver sa réalité. Voici quelques-uns des faits qui la démontrent.

Une personne âgée de 30 ans, bien réglée, d'une constitution délicate, éprouva diverses atteintes de douleurs rhumatismales et quelques affections catarrhales, après avoir couché pendant quelque temps dans un lieu humide. Bientôt, une névralgie frontale succéda à ces diverses manifestations morbides, et, après quelques jours de résistance à tous les moyens qu'on avait mis en usage, elle prit heureusement un caractère périodique. Le sulfate de quinine y mit un terme. Cette première atteinte, qui s'était manifestée pendant l'automne, se reproduisit pendant l'hiver, et alterna avec de fréquentes douleurs de rhumatisme musculaire. Elle durait encore quand la belle saison permit d'avoir recours aux bains de Foncaude. La santé générale qui, sous l'influence des douleurs rhumatismales nerveuses, s'était sensiblement altérée, se rétablit promptement, et vingt bains suffirent pour mettre un terme à toutes les douleurs. Une circonstance particulière m'avait porté à tenter les eaux de Foncaude; la peau, constamment aride, était, sur presque toute son étendue, recouverte par de très-petites écailles furfuracées, à moitié soulevées, que le frottement ne faisait pas toujours détacher, mais qui donnaient à la surface du corps l'aspect qu'offrent les dartres furfuracées, et qui rendaient le contact de la peau rude et désagréable au toucher. Évidemment, l'épiderme qui se détachait ainsi par petites lamelles, était malade, et cet état pathologique de la peau, en modifiant ses importantes fonctions, avait bien pu, tout autant que l'influence d'un lieu humide, contribuer au développement des diverses affections qui s'étaient montrées. Ce raisonnement justifiait l'emploi des eaux minérales. En rendant à la peau sa souplesse, sa douceur habituelle, son aspect naturel, elles rétablirent ses fonctions et mirent indirectement un terme au retour des douleurs, que nous n'aurions sans doute pas si facilement guéries, dans le cas où elles se seraient rattachées à une lésion idiopathique du système nerveux.

Mademoiselle G..., âgée de 25 ans, d'un tempérament lymphatique, bien réglée, avait eu dans son enfance de fréquentes fluxions au nez : elles entraînaient à leur suite la formation de quelques croûtes muqueuses. Cet état se reproduisit pendant plusieurs années, puis cessa de se montrer, et au bout d'un temps dont on ne peut préciser la durée, survinrent d'abondantes sueurs

des pieds. L'époque de la menstruation arrivée, celle-ci
s'établit sans orage, et ce ne fut que longtemps après,
que Mlle G.... éprouva un nouveau genre d'incom-
modité. Sans cause appréciable, le nez, les yeux se
fluxionnaient; ils s'enflaient, devenaient douloureux avec
sentiment de chaleur et de démangeaison; la pituitaire,
les conjonctives laissaient couler en grande abondance
une humeur qui irritait la face externe des paupières
inférieures, les joues et la lèvre supérieure. Sur ces
parties, la peau rougissait, devenait le siége de chaleur,
de vives démangeaisons, et, de cette manière, toute la
partie supérieure du visage était fortement fluxionnée.
Cet état, survenu brusquement, durait une, deux ou
trois fois vingt-quatre heures, et disparaissait au bout de
ce temps, sans laisser aucune trace. Sa répétition était
fréquente; elle avait lieu plusieurs fois par semaine,
surtout aux approches des règles, quoique celles-ci n'aient
jamais été dérangées. Des maux de tête fatigants accompagnaient sans cesse cet état fluxionnaire. La sueur
des pieds s'était supprimée depuis qu'il avait lieu, et
depuis longtemps la malade remarquait que les sueurs
générales manquaient totalement dans les circonstances
où elles se montraient d'ordinaire. Nulle affection dartreuse ne paraissait s'être montrée dans sa famille, et l'on
avait essayé sans succès contre le mal dont elle se plaignait, tous les dépuratifs internes.

De son propre mouvement, Mademoiselle G... vint
à Foncaude en 1846, pendant la durée d'un de ces
mouvements fluxionnaires. Au premier bain, pris à 34

degrés centigrades et d'une heure de durée, il cessa, chose peu surprenante, si l'on se rappelle ce que j'ai dit de leur durée ordinaire. Mademoiselle G... ne prit que quinze bains. Pendant dix mois, et par conséquent pendant tout l'hiver de 1846 à 1847, il ne survint pas un seul mouvement fluxionnaire vers le nez ni vers les yeux ; mais il faut remarquer que des sueurs générales, abondantes et faciles, avaient commencé à paraître après les bains, et que cette disposition s'était soutenue pendant tout l'hiver. Ce ne fut qu'en juin 1847, dans un moment où la température, qui avait été fort élevée pendant tout le mois de mai, offrit accidentellement un refroidissement notable, qu'une légère atteinte se manifesta de nouveau.

Mademoiselle G... reprit encore les bains pendant l'été de 1847, et sa guérison ne s'est pas démentie depuis lors.

Un homme de 50 ans environ, d'un tempérament lymphatique sanguin, d'une bonne constitution, atteint de quelques douleurs vagues de rhumatisme chronique qu'il ressentait depuis longtemps, avait eu la grippe d'une manière assez violente, à l'une des principales invasions que cette maladie avait faites à Montpellier depuis 1832. Un état particulier en avait été la conséquence. Mr..., qui avait toujours joui d'une bonne santé, ne pouvait plus ressentir la moindre variation atmosphérique, tant en froid qu'en chaud, sans être pris d'une toux sèche, par quintes ordinairement assez prolongées pour devenir fort incommodes. Il lui suffisait d'entrer dans un appartement un peu chauffé ou un peu trop froid , pour que la toux l'obligeât à se retirer promptement. Toutes les nuits , le sommeil était interrompu par la toux , qui , le matin surtout , était très-fatigante. Ainsi, M^r... avait tout au plus quatre heures de sommeil par nuit , et chaque matin il avait inévitablement à supporter les quintes longues et pénibles d'une toux qui n'amenait jamais qu'une expectoration peu abondante de salive. Autrefois il se mouchait très-peu et crachait beaucoup ; depuis que la toux s'était montrée , une sorte d'embarras se faisait sentir vers les fosses nasales , d'où découlaient plus fréquemment quelques mucosités épaisses. Il faut enfin remarquer, pour compléter tous ces détails , que M^r... suait très-abondamment avant d'avoir eu la grippe, et qu'après cette maladie , ces sueurs habituelles , sans se supprimer tout à fait , avaient beaucoup perdu de leur abondance. D'après les conseils de M. le docteur Batigne, M^r... eut recours aux eaux de Foncaude , en bains et en boisson, à la dose de cinq verres. Après le quinzième bain, la toux avait disparu, les narines étaient plus libres, sèches ; mais une expectoration notable de mucosités commençait à reparaître. Les nuits étaient bonnes ; le sommeil se prolongeait sans interruption , depuis onze heures jusqu'à six heures du matin ; la toux ne se montrait plus au moment du réveil ; les variations atmosphériques , si vivement senties auparavant, étaient maintenant inaperçues et ne réveillaient plus la toux ; les douleurs rhumatismales étaient diminuées ; en un mot, M^r... se disait complètement guéri. Une particularité remarquable s'attache à cette observation. Les chaleurs furent fortes et prolongées pendant l'été de 1846 ; cependant , sous leur influence , les sueurs s'activèrent peu chez M^r.... Elles prirent , au contraire , une activité remarquable , et devinrent très-abondantes sous l'action des eaux de Foncaude , bien que , pendant leur usage , la température atmosphérique eût déjà subi un abaissement notable. Il n'est donc guère permis de douter de l'influence active que les réactions journalières , provoquées par les eaux , avaient eue sur le retour des fonctions cutanées à leur état naturel. Ici , non—seulement des sueurs abondantes ont été rétablies ; mais cette sensibilité vicieuse qui rendait la surface cutanée si impressionnable au froid et à la chaleur , et faisait retentir cette impression sur les systèmes muqueux et musculaire , a été dissipée. L'on pouvait difficilement obtenir des résultats plus prompts et plus complets ; aussi le nombre des bains fut—il porté à vingt-cinq ou trente , et le bien qui en résulta s'est—il solidement maintenu depuis lors.

Un autre genre de lésion avait été , chez un autre sujet , la conséquence de la suppression complète d'une sueur des pieds si abondante , qu'elle exigeait plusieurs fois dans la journée le soin de changer de chaussures. Les organes digestifs furent , dans ce cas , principalement affectés. Ce malade , d'une constitution délicate et d'un tempérament bilieux , était assujetti à une vie sédentaire , à cause de ses occupations constantes dans des bureaux. Chez lui , tous les symptômes d'une gastralgie très-grave s'établirent graduellement ; ils prirent une si grande intensité , ils exercèrent sur l'ensemble des forces générales ,

et sur les fonctions des organes digestifs en particulier,
une influence si fâcheuse, qu'à diverses reprises on craignit que l'opiniâtreté du mal ne tînt à quelque dé-
générescence organique. A cet état se liaient encore des
douleurs rhumatismales, qui, se joignant à la faiblesse
qu'avait produite une nutrition viciée, rendaient la marche
lente et pénible. C'était un de ces cas, déjà nombreux,
où j'avais eu l'occasion d'observer combien les affections
du système musculaire sont fréquemment liées à celles
dont les diverses dépendances du système muqueux sont
atteintes, quand les fonctions cutanées s'accomplissent
mal. Alors des rhumes fréquents, opiniâtres, se com-
pliquent souvent avec des douleurs rhumatismales,
alternant avec elles ou marchant de concert. La même
liaison s'observe avec des altérations chroniques des
fonctions qui se rapportent à l'ensemble du système
digestif, ou seulement à l'une de ses parties, telle que
l'estomac, les intestins. Je l'ai même constatée dans
d'autres cas, où, chez la femme, c'était la membrane
muqueuse génito-urinaire qui se trouvait affectée. Ordinairement, ces cas de complication offrent de la ténacité ;
ils résistent aux divers traitements qu'on leur oppose,
jusqu'à ce qu'on reconnaisse la nécessité de dirriger,
vers l'organe cutané, l'action des divers moyens qu'on
emploie, et de rétablir ces fonctions dérangées. Aussi
me paraissent-ils de nature, par cette même ténacité, à
nous mettre sur la voie, quant à la détermination de leur
véritable étiologie, et, par suite, des indications principales dont leur traitement doit se composer. Celles-ci

doivent avoir pour but le rétablissement des fonctions
cutanées ; et ce qui se passa chez le malade dont l'histoire a donné lieu à ces réflexions, en fut une preuve
évidente. Sous l'influence de huit à dix bains seulement,
l'action des fonctions digestives s'était grandement améliorée, et la marche était devenue si facile, par suite de
la diminution des douleurs et par l'augmentation des
forces générales, qu'un jour où la voiture était partie
sans lui, il n'hésita pas à se rendre à pied à Foncaude,
plutôt que de perdre un bain, duquel il attendait encore
tant de soulagement. Or, un seul effet sensible s'était
manifesté chez lui depuis l'emploi de ces eaux, c'était le
rétablissement de cette sueur abondante des pieds, qui
depuis longtemps avait cessé de se montrer. Ce qui venait
de se passer ne suffit pas pour éclairer le malade ; tout en
reconnaissant les bons effets des eaux de Foncaude, que
lui avaient conseillées M. le professeur Dubrueil et M. le
professeur-agrégé Pourché, il ne les crut pas assez actives
pour consolider une guérison qu'elles avaient si bien
commencée ; et, comme si les remèdes les plus énergiques
devaient toujours être les meilleurs, il alla chercher à
Bagnols ce qu'il avait ici sous la main.

On vient de voir, dans les faits qui précèdent, le
rétablissement de l'activité des fonctions cutanées confirmé par certains phénomènes survenus pendant le traitement de diverses maladies, et qui, s'ils n'offraient pas
toujours le vrai caractère des actes qui n'appartiennent
qu'à la santé, se rapportaient du moins à une manière
d'être dont l'habitude avait, en quelque sorte, fait pour

chaque sujet individuellement un véritable état naturel. Dans tous les cas, ces phénomènes se liaient d'une manière si directe à l'état des forces vitales de la peau, à l'accomplissement régulier de ses fonctions, qu'on n'aura pas de peine à considérer leur retour comme une preuve de la plus grande énergie ou de la nouvelle régularité de celles-ci.

Aux observations que j'ai rapportées, je pourrais joindre celles de bien d'autres malades qui, comme ceux dont il vient d'être question, avaient vu disparaître, sous l'influence de causes diverses, des transpirations abondantes, dont toute la surface de la peau et quelquefois seulement un point particulier, comme les aisselles ou les pieds, étaient habituellement le siége. La plupart d'entre eux, loin d'être affaiblis par cette sécrétion, qui dépassait de beaucoup les limites dans lesquelles elle se renferme d'ordinaire, qui ne conservait plus avec les autres les rapports proportionnels observés communément, lui attribuaient leur bonne santé antérieure. Ils ne manquaient pas, au contraire, de rapporter les maux qu'ils venaient tâcher de guérir à Foncaude, à la suppression de ces sueurs exagérées que diverses causes avaient fait disparaître. Les affections qui en étaient résultées, n'avaient pas toutes la même gravité : les unes avaient établi leur siége sur des systèmes entiers d'organes, dont les fonctions se trouvaient ainsi dérangées au détriment de l'économie entière ; d'autres n'attaquaient que quelques parties isolées, et, quoique retentissant moins profondément dans l'ensemble du corps

vivant, elles n'en offraient pas moins de ténacité, n'en
étaient pas moins importunes. Par suite de la faiblesse
générale qu'un long état de maladie avait causée, par
suite de l'importance qu'acquiert un mouvement fluxionnaire lorsqu'il est fixé depuis longtemps sur une partie
même peu nécessaire à la vie, et de la dépendance dans
laquelle il parvient à placer les actes de la vie générale,
le retour spontané de l'action physiologique de la peau,
le rétablissement naturel des sueurs partielles supprimées, n'avaient pas eu lieu même dans les intervalles où
la maladie générale ou locale semblait perdre de son intensité. Chez quelques malades, rien n'avait été tenté
pour rétablir cette importante sécrétion locale ; chez
d'autres, au contraire, divers moyens mis en usage n'a-
vaient eu aucun résultat. Il n'en a pas été de même de
cette sorte de perturbation qu'apportent, au milieu de
l'état maladif, les mouvements de réaction dont la peau
devient le siége sous l'influence des eaux de Foncaude.
Un des premiers effets qu'elles ont produits, a été le réveil manifeste des fonctions cutanées ; et, comme cela
arrive dans tous les cas, celles-ci, en reprenant leur
cours, se sont montrées, non telles qu'on les observe
généralement, mais telles qu'elles étaient d'ordinaire
chez chaque sujet en particulier avant sa maladie ; c'est-
à-dire, qu'elles ont offert ces modifications individuelles
qu'elles devaient tantôt à des habitudes anciennes, quelquefois à un régime particulier, le plus souvent peut-être
à des dispositions idiosyncrasiques. Quoi qu'il en soit,
ce retour des fonctions de la peau à leur mode ordinaire

de s'accomplir, cette activité plus grande qu'elles ont retrouvée, mettent déjà hors de doute l'action puissante que l'on peut exercer sur cet organe par le moyen des eaux de Foncaude.

Nous devons, enfin, chercher une dernière preuve de cette action, dans le cas où elle a décidé des mouvements de sur-excitation maladive, qu'on peut regarder comme la conséquence de l'appel journalier des forces générales vers la peau. Ces mouvements se sont montrés dans des circonstances et sous des formes variables. Tantôt des résultats analogues à ceux qui les constituaient, s'étaient déjà manifestés chez les sujets qui en ont fourni l'observation, et l'on n'avait jamais eu l'idée de les rattacher, sous aucun rapport, à l'affection pour laquelle les eaux de Foncaude avaient été mises en usage. Tantôt ils se sont établis pour la première fois; et, devenant alors l'expression d'une activité nouvelle dans les forces vitales de l'organe cutané, ils n'en ont pas moins constitué une véritable perturbation, à laquelle la maladie qu'on voulait guérir n'a pas résisté. Tantôt, enfin, réveillant une maladie cutanée qui semblait s'effacer au détriment de la santé générale, ou donnant une intensité nouvelle à celle qui se présentait déjà avec une plus ou moins grande acuité, ils n'en ont pas moins amené plus tard, par le rétablissement des fonctions de la peau, une guérison de laquelle on avait pu douter pendant les premiers jours du traitement.

Parmi les faits de cette nature, je rappellerai l'exemple d'une personne chez laquelle une dartre pustuleuse, *acne*

simplex, occupait depuis plusieurs années, avec une ténacité désespérante, une partie de la figure. Le mal
n'était pas fort étendu, mais il était très-incommode,
surtout dans les moments où les petites pustules qui le
constituaient, s'accompagnaient d'un mouvement de turgescence fluxionnaire. La santé générale n'était nullement influencée par cet état, et toutes les fonctions, sauf
une constipation habituelle, s'exécutaient d'une manière
normale. Longtemps nous avions eu recours à des moyens
variés, et, depuis plusieurs années, à des bains d'eaux
sulfureuses naturelles. Une amélioration sensible avait
été le résultat de ces divers traitements. Cependant, la
maladie se montrait encore, et restait tout aussi inquié-
tante, à cause du lieu qu'elle occupait. Après une
vingtaine de bains de Foncaude, la peau de tout le
corps fut couverte de plaques rouges, larges, irrégulières,
proéminentes dans leur milieu et accompagnées d'une
démangeaison insupportable, en un mot ayant tous les
caractères de l'*esséra.* Cette maladie s'était déjà montrée
à plusieurs reprises chez la personne dont il est question, mais jamais elle n'avait offert l'intensité qu'elle
atteignit cette fois. Par moments, l'éruption était si active, les plaques qui la constituaient si étendues, si nombreuses, qu'elles devenaient en quelque sorte confluentes
par l'injection des portions de la peau qui les séparaient,
et que le corps entier semblait occupé par une seule
plaque. Alors, des démangeaisons intolérables ôtaient
toute possibilité de repos, et, quelques jours passés dans
cet état, m'offrirent cette variété de la fièvre ortiée, à un

5

point d'intensité où je ne l'avais jamais vue parvenir. Heureusement, elle fut de courte durée ; mais, depuis cette époque, les petites pustules, qui s'étaient montrées si tenaces, n'ont plus reparu, et le teint est devenu plus uni, plus posé qu'il n'avait été depuis plusieurs années.

Une dame, âgée de 38 ans, d'un tempérament lymphatique sanguin, d'une forte constitution, éprouvait depuis quelque temps, au-dessus de chaque épaule, des douleurs rhumatismales si vives, que le moindre mouvement du bras lui était devenu pénible, et qu'elle ne pouvait pas porter ses mains sur sa tête, sans des efforts très-douloureux. Des défaillances, qu'une cause légère pouvait provoquer, survenaient fréquemment, et se liaient sans doute à la fréquence de la menstruation, devenue excessive depuis quelque temps. Cette dame faisait habituellement usage du remède Leroy. Encouragée par l'exemple de quelques personnes qu'elle avait vues se guérir de douleurs rhumatismales par les bains de Foncaude, elle voulut aussi en essayer. Les bains furent pris à 35 degrés centigrades, se prolongèrent pendant une heure, et, après le huitième, ses douleurs avaient complètement disparu, les mouvements des bras avaient retrouvé toute leur liberté ; les forces étaient si bien revenues, qu'il n'existait plus de dispositions aux défaillances journalières qui effrayaient tant la malade, et les règles, qui auraient dû reparaître pendant les jours consacrés à prendre les bains, ne s'étaient pas montrées.

Les premiers bains avaient fait sortir sur le dos un grand nombre de petites papules très-rapprochées entre elles, dures au toucher, causant un vif sentiment de cuisson, et qui, sans s'ulcérer, sans donner lieu à la moindre formation de croûtes, disparurent lentement, même pendant que les bains se continuaient. Ceux-ci furent interrompus pendant un temps assez long, à cause d'une maladie grave dont le mari de la malade fut atteint. Les soins qu'elle lui prodigua, les nuits nombreuses qu'elle passa près de lui, ne ramenèrent ni les douleurs, ni les défaillances; et lorsque, après un mois et demi environ d'interruption, elle reprit de nouveau l'usage des eaux de Foncaude, elle ressentit, après les deux premiers, la même éruption papuleuse qui, la première fois, avait sans doute contribué à mettre un terme aux douleurs.

Une jeune enfant de trois ans, d'un tempérament lymphatique, était atteinte d'un *eczéma* qui envahissait tout le cuir chevelu, une partie du front et des joues. Elle fut envoyée à Foncaude, dans un moment où l'éruption s'offrait moins active, moins étendue, après une violente recrudescence. Cette enfant avait maigri; son teint s'était décoloré; les fonctions digestives étaient langüissantes, bien que l'appétit fût assez prononcé; aussi les forces ne s'amélioraient pas, et la convalescence marchait avec lenteur et difficulté. Après le huitième ou dixième bain, des vésicules pustuleuses, en tout semblables à celles qui se montraient ordinairement sur la tête, survinrent éparses sur toute la surface du corps. D'abord, peu nombreuses, elles se multiplièrent bientôt, et s'offraient déjà en grand nombre, quand on cessa l'usage des

⎽bains, donnés au nombre de vingt ou vingt-cinq. Cette éruption se soutint encore longtemps après ; elle fut modérée vers la tête, et, abandonnée à elle-même, elle cessa peu à peù aux premières approches de l'hiver. Dès que son apparition avait eu lieu, le changement favorable qui survint chez la petite malade se manifesta par une coloration plus évidente de la peau, des digestions meilleures, plus de forces, plus de gaîté. L'hiver suivant, bien qu'il offrît une rigueur inaccoutumée dans nos climats, s'écoula sans que l'*eczéma* reparût ; la santé générale de cette enfant ne s'est plus démentie, et sa peau a conservé une souplesse, une finesse qu'elle avait perdues pendant toute la durée de sa maladie.

Un enfant de 7 ans, d'un tempérament lymphatique, arrivé du Brésil depuis trois mois, offrait une grave atteinte de *psoriasis* qui s'était manifesté à la fois sous chaque aisselle, à chaque pli du coude, aux aines et sous les jarrets. De petites gerçures, recouvertes de croûtes plus ou moins épaisses, laissant, quand elles se détachaient, la peau excoriée ou très-rouge et donnant lieu à un suintement séreux, des démangeaisons intolérables, tels étaient les caractères de cette éruption dans tous les points où elle s'était montrée. Les plis de l'aine étaient envahis, de manière à ce que les plaques rouges, croûteuses ou fendillées de gerçures s'élevaient de chaque côté au-dessus du pubis, jusqu'à la hauteur des épines iliaques antérieures et supérieures, s'étendaient ensuite jusqu'aux cuisses, dont presque toute la face interne était affectée, et sur tout le scrotum. Les plaques des jarrets étaient aussi fort considérables, au point que celle du côté droit atteignait à celle qui, du pli de l'aine, descendait sur la cuisse. Le père de cet enfant était lui-même atteint d'un *psoriasis palmaria*.

Les premiers bains donnèrent une activité nouvelle et chaque jour croissante aux démangeaisons dont les plaques dartreuses étaient déjà le siége. Celles-ci devinrent aussi plus vives, plus animées; et, plutôt que de diminuer, le mal semblait s'accroître, lorsque, vers le septième ou le huitième bain, les symptômes qui s'étaient exaspérés commencèrent à s'apaiser. Après le treizième bain, la rougeur, les démangeaisons avaient beaucoup diminué; les croûtes, presque entièrement détachées partout, avaient laissé l'épiderme encore un peu rouge, mais sans suintement, et tendant de plus en plus à s'assouplir, à se rapprocher de sa coloration naturelle. Il l'avait presque retrouvée sous les aisselles et aux plis des bras. Aux cuisses, aux aines, aux jarrets, il était encore rouge; mais c'était surtout à la circonférence de toutes ces plaques, que la maladie paraissait plus intense: là se voyaient encore quelques fissures et quelques squammes peu épaisses et fort petites. Cette grande amélioration donnait déjà au jeune malade plus de calme et plus de repos. Après le vingt-quatrième bain, toute trace d'éruption avait disparu; la peau avait repris son aspect et sa souplesse naturels; le malade avait retrouvé un calme complet; toute démangeaison avait cessé; toutes les fonctions prenaient à la fois plus d'activité, plus de régularité, et les nuits devenues meilleures, étaient sans doute au nombre des causes qui aidaient au retour d'un air de force et de santé de plus en plus satisfaisant.

Les observations que je viens de rapporter établissent, ce me semble, d'une manière bien évidente, la nature des effets que l'on doit attendre de l'emploi soutenu des eaux de Foncaude. D'un côté, nous avons observé une action sédative, certaine, durable, capable de mettre un terme aux phénomènes de sur-excitation dont les divers systèmes de l'économie peuvent être le siège; de l'autre, nous n'avons pas pu méconnaître l'action tonique, quelquefois portée jusqu'à l'irritation, dont un organe particulier, l'organe cutané, est devenu le siège spécial.

Ces conclusions ne seront-elles pas contestées? Peut-on admettre que le même agent produise, dans le même cas, d'un côté une action sédative, de l'autre une action tonique? Cette objection n'est que spécieuse, un peu d'attention le démontre aisément; car, en réalité, l'opposition qu'elle signale ne saurait s'établir entre les effets produits. Il en serait autrement sans doute, si l'on admettait leur existence simultanée; mais, qu'on le remarque bien, il ne s'agit ici que d'effets successifs, d'effets qui ne sont point, les uns et les autres, les conséquences directes d'une même cause. Les premiers, les effets sédatifs, succèdent immédiatement au bain, semblent dépendre de lui seul. Mais les seconds, les effets de réaction, se lient surtout au développement de cette loi naturelle qui porte les forces de la vie à réagir contre toutes les causes tendant à paralyser leur énergie. Il y a

donc dans la production de ces derniers effets l'intervention d'une cause nouvelle ; et si le bain peut lui-même
les modifier en plus ou en moins, comme cela arrive,
suivant qu'il est trop court ou trop prolongé, trop chaud
ou trop froid, il n'en est pas moins vrai que leur apparition, heureuse ou regrettable, favorable ou nuisible,
se lie indubitablement à l'état des forces du malade.
Combien de fois n'ai-je pas vu des réactions désordonnées,
parce qu'il existait chez les malades une sur-excitation
naturelle ou morbide ! Que de fois, au contraire, n'est-
il pas arrivé que ces réactions n'ont pas eu lieu, parce
que les malades, déjà épuisés, ne trouvaient plus dans
leurs forces radicales les conditions indispensables d'un
phénomène qui ne saurait s'accomplir que par elles !
Ainsi considéré, ce qui se passe après les bains de Foncaude, rentre donc tout à fait dans les actes de la vie
que chaque jour fait accomplir sous nos yeux à l'occasion de mille causes différentes, et j'ai peut-être trop
longuement insisté sur une discussion que le simple rapprochement de faits analogues eût abrégée pour tout le
monde.

Le fait admis, il est maintenant facile de comprendre
combien d'indications importantes on peut remplir, grâce
à la succession des deux phénomènes qu'il embrasse.
L'action sédative spéciale du bain trouve une application
si directe, si facile dans un grand nombre de cas de
sur-excitation générale ou particulière, qu'on juge tout
de suite de son utilité dans les maladies nerveuses générales ou locales, dans les rhumatismes, dans l'état

aigu ou sub-aigu des affections dartreuses, dans la plupart des cas de sur-excitation d'un système d'organe ou d'un organe en particulier.

L'action tonique exercée sur la peau, ayant pour résultat le rétablissement de ses fonctions, leur augmentation notable ou même quelquefois leur exaltation morbide, peut, sous ces trois points de vue, être utilement employée. D'un côté, en appelant les forces sur un organe où elles peuvent se concentrer sans danger, elle peut opérer une révulsion bien propre à consolider le soulagement produit par l'action sédative; de l'autre, par les effets divers dont elle devient la source directe, elle offre de grandes ressources thérapeutiques dans des affections morbides ayant leur siége sur la peau elle-même, ou sur d'autres systèmes d'organes. Quant à ce qui se rapporte à la peau et à ses affections, il est d'abord facile de comprendre comment l'appel fréquent des forces générales vers elle, peut y faire directement succéder la force à la faiblesse, un état de tonicité normale à une atonie plus ou moins profonde. De même, dans le cas où les forces se trouvent vicieusement concentrées sur quelque partie de la surface cutanée, l'activité rendue à toute la peau sert d'autant mieux à détruire ces localisations, en divisant les forces d'une manière égale sur tous les points d'un organe aussi étendu, que l'action sédative s'était d'abord fait sentir sur ces localisations morbides. Enfin, quand l'activité de la peau n'est que pervertie, la nouvelle et puissante perturbation que l'effet dont je parle vient déterminer, suffit, dans bien des cas, pour ramener les fonctions de cette partie à leur exercice régulier, et pour assurer à celui-ci un retour complet et durable.

Ces effets sont trop solidement établis par l'action des eaux de Foncaude, pour qu'il soit difficile d'admettre comment, par leur moyen, on peut arriver à porter l'influence thérapeutique de ces bains jusque sur les maladies qui affectent d'autres organes que la peau. Ainsi, l'activité des relations sympathiques de celle-ci avec la plupart des organes internes, fera retentir jusque sur ces derniers l'action tonique dont la première a d'abord été le siége. L'augmentation soutenue des humeurs qui s'exhalent à travers la peau, pourra, dans bien des cas, devenir une crise utile à différents états pathologiques dont d'autres organes seront affectés. Le simple rétablissement de ses fonctions deviendra une cause de guérison dans ces cas, qui sont bien loin d'être rares, et dans lesquels le système pulmonaire, ou les organes digestifs, ou les organes génito-urinaires, ou même le système nerveux, sont tourmentés d'affections longuement rebelles et souvent fort difficiles à guérir, par cela même qu'on ne se doute pas toujours de leur intime connexion avec l'accomplissement irrégulier des fonctions cutanées. Enfin, ce même rétablissement des fonctions cutanées, alors même qu'elles se borneront à revenir à leur état naturel, mais surtout lorsqu'elles se manifesteront avec quelque accroissement d'énergie, ne sera-t-il pas, pour bien des maladies chroniques, un moyen fort utile d'exercer des révulsions puissantes et soutenues ? Puissantes, parce qu'elles s'accomplissent sur une large surface , sur un organe doué de nombreuses et actives sympathies ; soutenues , parce qu'elles s'opéreront par des phénomènes naturels que l'économie peut supporter longuement et sans danger pour les forces générales , attendu qu'ils font partie de tout ce qui se passe en elle dans l'état de santé [1].

[1] C'est sans doute de cette manière qu'on doit se rendre compte de quelques guérisons obtenues à Foncaude (ainsi que cela arrive dans tous les établissements d'eaux minérales), dans des cas qui s'écartent du cadre de ceux qu'on y traite ordinairement. J'en citerai sommairement deux exemples.

Une femme de 50 ans, dont l'âge critique était passé depuis plusieurs années, avait été envoyée à Foncaude par M. le docteur Hatôt-Rosières. Elle avait des douleurs rhumatismales nerveuses , occasionnant dans les extrémités inférieures des fourmillements constants, incommodes, et une faiblesse si considérable, que divers médecins avaient attribué ces symptômes à quelque lésion du cerveau ou de la moelle épinière , bien qu'il n'existât d'ailleurs aucun autre motif qui pût la faire supposer. Le traitement eut un succès complet. Mais, depuis longtemps, cette personne portait sur le côté droit de la poitrine, presque au-dessous de l'aisselle , une sorte de tumeur qui atteignait quelquefois la grosseur d'une noix, devenait alors douloureuse , s'enflammait, venait en suppuration, s'ouvrait spontanément, et disparaissait ainsi presque en entier. Cette guérison n'était pourtant que momentanée ; car les mêmes phénomènes se reproduisaient lentement d'une manière uniforme et sans interruption. Sous l'influence des bains de Foncaude, la tumeur fut dissipée par résolution, et deux années s'étaient écoulées sans qu'elle eût reparu, quand la malade elle-même, revenue à Foncaude , m'entretint de ce résultat qu'elle se réjouissait de voir se prolonger ainsi. Il s'agissait probablement de quelques ganglions lymphatiques ; c'est du moins ce qu'on peut supposer , d'après le tempérament de cette personne.

Ces déterminations générales des indications que l'on peut remplir par l'action directe des eaux de Foncaude et par leur effet secondaire, dispensent, ce me semble, de fournir ici une longue liste des maladies contre lesquelles ce moyen peut être invoqué. Les états pathologiques qu'il peut combattre une fois bien connus, il ne s'agit plus, dans un cas donné, que de s'assurer, par une analyse sévère, de la présence d'un ou de plusieurs de ces états, de leur valeur comme élément de la maladie, de leur importance relative à celle des autres éléments. C'est, au reste, la meilleure marche à suivre pour éviter les applications que pourrait conseiller un aveugle empirisme, les erreurs qu'elles pourraient causer, et pour déterminer *à priori* la plupart des contre-indications des eaux.

Il ne faut pas croire, cependant, que dans tous les cas

L'autre fait appartient à M. le professeur Dubrueil, qui, le 20 août 1847, me faisait l'honneur de m'écrire : «Merci de l'envoi » de votre Mémoire sur les eaux de Foncaude. Je regrette de » n'avoir pas su que vous deviez le publier. Je vous aurais com- » muniqué l'observation suivante, qui a bien son intérêt :

» Le colonel F..... était atteint d'une hydrocèle récente et » volumineuse de la tunique vaginale droite. J'annonçai que, seule, » l'opération devait amener la guérison. Je prescrivis d'appliquer » sur les bourses des compresses trempées dans un liquide réso- » lutif, moyen qui fut sans aucun résultat. Le colonel désira » prendre les eaux de Foncaude, pour calmer un état de sur-exci- » tation générale causé par la chaleur.

» Au bout du sixième bain, l'hydrocèle a entièrement disparu ; » je dis *entièrement*, alors qu'il n'en existe aucune trace. Le fait » s'est passé sous mes yeux ; il est tout récent. Je le rapporte » sans en tirer d'induction, mais il mérite d'être connu. »

où elles ont paru bien indiquées, les eaux de Foncaude aient constamment amené les résultats heureux que l'on attendait de leur usage. Parfois leur action s'est montrée nulle, parfois aussi elle a été défavorable. J'ai déjà rapporté quelques exemples de ce genre ; et c'est en tenant compte de tous ceux qui se sont présentés à moi, en cherchant à apprécier leur véritable caractère, que j'ai pu, même de ces cas défavorables, retirer un enseignement utile, la connaissance de certaines contre-indications qu'on ne pouvait pas toujours prévoir à l'avance. C'est ainsi que, chez quelques malades, j'ai pu me convaincre qu'une faiblesse radicale trop grande était un obstacle puissant à l'action curative de nos eaux. Leur effet sédatif et la réaction qui lui succède, se montraient pourtant alors assez ordinairement. Mais le premier étant de nature à augmenter la faiblesse générale, ce résultat fâcheux ne tardait pas à devenir appréciable même par l'affaiblissement des réactions. Alors si, par un bain plus frais et bien moins prolongé, on cherchait à rendre la réaction plus prompte et plus soutenue, sa vivacité un peu plus prononcée, dès les premiers jours, ne tardait pas à s'effacer encore. Bientôt, cette réaction n'était plus qu'une faible excitation passagère ; elle modifiait peu l'organisme et ses forces vitales ; heureux même quand elle s'éteignait chaque jour, sans avoir eu d'autre résultat regrettable que le caractère passager du bien-être ressenti pendant sa durée, sans avoir augmenté la faiblesse ! Dans un cas de cette nature, il fallut promptement renoncer aux bains, et l'eau, employée seulement en boisson, modifia d'une manière si heureuse l'espèce de névrose gastro-intestinale à laquelle se rattachaient les selles dyssentériques qui ruinaient chaque jour les forces de la malade, qu'elle suffit pour amener une guérison bien complète. Je rapporterai, plus tard, l'observation d'un malade, que des hémorrhagies intestinales rebelles à tout moyen avaient jeté dans un état d'anémie et de faiblesse extrême. La réaction se prononçait vivement ; mais lorsque, au bout de peu de jours, elle semblait avoir réveillé quelques forces, l'excitation vasculaire qui l'accompagnait, ne tardait pas aussi à reproduire le mouvement fluxionnaire vers les intestins, à rappeler les hémorrhagies, nous plaçant ainsi dans un cercle vicieux, dont nous ne pûmes sortir que par l'abandon des bains. Dès-lors, à côté de la contre-indication déduite d'une trop grande faiblesse, semblait venir s'inscrire celle qui découle des hémorrhagies liées à des mouvements fluxionnaires existant depuis longtemps ; j'aurais peut-être dû la prévoir plus facilement, grâce à un certain nombre de cas où j'avais vu les bains, suivis de réactions bien marquées, ramener à des époques plus rapprochées des flux hémorrhoïdaux habituels.

Une grande faiblesse s'accompagne parfois d'un tel degré d'excitabilité, que l'action d'un léger stimulus est alors très-péniblement ressentie. Avec des dispositions semblables, j'ai vu les bains de Foncaude déterminer des réactions ou trop fortes, ou très-irrégulières. Il en résultait, dans le premier cas, d'abord une plus grande fatigue, puis de la faiblesse, et, dans le second, des per-

turbations qui aggravaient les phénomènes nerveux dont
les malades se plaignaient. Une trop grande excitabilité
du système nerveux, liée à trop de faiblesse, semblerait
donc fournir une nouvelle contre-indication. Celle-ci me
paraît, cependant, moins prononcée que les deux premières
que j'ai signalées; car, si j'ai déjà rapporté une observation pour laquelle il fallut chercher, dans les bains
plus toniques de La Malou, la guérison d'une névralgie
contre laquelle la source de Foncaude restait tout à
fait impuissante, j'ai, dans ce moment, sous les yeux
l'exemple de violentes douleurs de rhumatisme nerveux
fixées sur la tête, ayant résisté aux moyens sédatifs
les plus variés, et qui ont cédé comme par enchan-
tement à un premier bain de Foncaude; et cependant
la personne qui en est atteinte ne peut supporter de calmants, qu'autant qu'on a la précaution de les combiner
avec des toniques. La première de ces malades est douée
d'un tempérament lymphatique; chez la seconde, ce
sont les éléments sanguins et nerveux qui prédominent,
et ce dernier surtout se trouve habituellement exalté par
de très-longues souffrances d'une autre nature.

Emploi des douches. — La nature des effets directs
des eaux de Foncaude fait peu rechercher l'emploi de
celles-ci sous forme de douches. Il serait peu aisé d'arriver à produire une action sédative locale, sous l'influence
d'un jet d'eau arrivant avec une certaine énergie et ne se
prolongeant pas plus que ne le font ordinairement les
douches les plus longues. D'ailleurs, la température assez

élevée à laquelle les douches chaudes s'administrent dans la plupart des cas, viendrait puissamment en aide à l'action percussive du jet, et sous l'influence de ces deux circonstances on verrait toujours survenir, au lieu de l'action sédative qu'un courant tiède et longtemps prolongé pourrait produire, une excitation locale dans laquelle les principes constituants des eaux ne seraient pour rien. Les effets produits dans ces cas devraient être rapportés à des propriétés physiques, artificiellement communiquées aux eaux. Il est vrai qu'ils peuvent encore être utiles, comme moyens adjuvants, dans un traitement dont l'action du bain pris dans l'eau de Foncaude sera la base principale; mais alors, les douches que nous pouvons donner seront recherchées par suite des effets attractifs, et quelquefois résolutifs, que leur température et leur force d'impulsion pourront déterminer; je ne crois pas avoir besoin d'exposer en détail les circonstances où elles pourront être indiquées.

Les douches tièdes sont en général peu recherchées; cependant un jet de cette nature, longuement prolongé et dont l'impulsion était réduite au plus faible degré possible, a été souvent employé à Foncaude contre certaines affections dartreuses, situées sur divers points de la tête que le bain ne pouvait atteindre, et a rendu de véritables services quand on le combinait avec celui-ci. Ces douches, qui deviennent de véritables lotions continues, des irrigations, pourraient sans doute trouver leur place dans le traitement de certaines affections dartreuses, chez les personnes qui, par un motif particulier, ne pourraient pas supporter un bain entier ; mais ces cas ne se sont pas encore offerts.

Quant aux douches froides, que nous pouvons aussi administrer à Foncaude sous des formes très-variées, il est encore plus facile de voir qu'elles n'y seront jamais employées que pour obtenir un effet dépendant de leur température et non des principes qu'elles renferment ; je ne m'en occuperai pas davantage.

Les douches ascendantes anales ont rendu de véritables services, dans des cas où une constipation opiniâtre se liait, comme épiphénomène, aux diverses maladies qui se présentaient à Foncaude ; et l'on se rend compte aisément de tout le parti qu'il est possible de tirer d'un moyen si actif, si peu fatigant pour les malades et si facile à employer. Grâce à la facilité avec laquelle nous pouvons réduire à volonté la force ascensionnelle de l'eau, il nous avait été possible d'utiliser ce genre de douches dans un assez grand nombre d'irritations sub-aiguës simples ou dartreuses, des organes génito-urinaires de la femme.

Aujourd'hui, dans des cas de ce genre, nous avons presque toujours recours de préférence aux lotions continues, aux véritables irrigations que nous pouvons porter dans ces parties, au moyen de l'appareil établi dans certaines baignoires et dont j'ai déjà parlé. Elles ont l'avantage inappréciable de se donner sous une force d'impulsion des plus ménagées, avec l'eau de la source à sa température naturelle, de pouvoir se prolonger autant que le bain lui-même pendant lequel on les pra-

tique, et de diriger ainsi sur les parties malades l'action
réelle et l'action seule des eaux minérales. Je rapporterai
quelques-uns des cas où ce moyen s'est montré fort
utile, et l'on verra que les indications des douches vaginales ainsi administrées avec les eaux naturelles de
Foncaude, se rapportent à ce que j'ai déjà dit de l'emploi des bains.

Usage de l'eau de Foncaude en boisson. —Les eaux
de Foncaude, administrées en boisson, ne sont point
purgatives. Mises en contact direct avec les organes
digestifs, elles seraient plutôt propres à faire cesser les
phénomènes d'excitation dont ils peuvent être le siége,
et c'est par ce mode d'action que je les ai vues, dans
des cas encore peu multipliés, obvier à des digestions
difficiles. Dans ces cas leur action combinée avec l'effet
tonique que la peau ressent de l'emploi des bains, a pu
contribuer à la guérison de quelques cas de dyssenterie.
Je n'hésite pas à penser que, dans le plus grand nombre de ces observations, c'est surtout aux modifications
opérées sur l'accomplissement des fonctions cutanées,
qu'il faut attribuer les succès obtenus; mais je crois
aussi qu'on pourrait tirer quelque parti avantageux de
l'emploi des eaux de Foncaude en boisson, dans les cas
d'excitation nerveuse, d'irritation sub-aiguë des premières
voies.

Un résultat qui, depuis que j'étudie les effets des
eaux de Foncaude, s'est constamment fait remarquer
chez les malades qui en font usage en boisson pendant

6

qu'ils prennent les bains, est l'augmentation notable des urines. Sous ce rapport, il n'est pas possible de confondre ce qui se passe, avec ce qu'on observe quelquefois sous l'influence d'un bain simple, qui, pendant sa durée, active passagèrement cette sécrétion. Dans ce cas, l'augmentation que l'on constate s'élève à une faible quantité, elle est très-probablement en rapport avec l'eau qui a pu être absorbée par la surface du corps, ou avec la diminution passagère de l'exhalation cutanée; mais, dès que l'une et l'autre de ces circonstances cessent d'avoir lieu, les fonctions des voies urinaires reviennent à leur activité accoutumée, et toute augmentation de sécrétion s'efface. Il n'en est pas de même chez les baigneurs qui boivent les eaux de Foncaude immédiatement avant ou après le bain. Non-seulement l'effet diurétique se soutient longtemps après celui-ci, mais il se trouve constamment hors de proportion avec les deux causes d'augmentation que j'ai signalées.

Un effet attribuable à la seule quantité d'eau ingérée, pouvait être, dans quelques cas, une cause plus réelle d'erreur. Un grand nombre de personnes suivaient, à Foncaude, le principe erroné que l'on retrouve dans tous les établissements d'eaux minérales, et qui porte des malades à en boire la plus grande quantité possible. Quelques baigneurs prenaient jusqu'à vingt verres d'eau, et n'auraient pas craint d'aller plus loin, s'ils avaient trouvé des buveurs plus intrépides qu'eux. Fort heureusement un flux très-abondant d'urine, en produisant une décharge presque immédiate des organes digestifs, les mettait chaque jour à l'abri des inconvénients graves qu'une pareille masse d'eau pouvait déterminer ; et, selon toute apparence, cette quantité elle-même ne contribuait pas pour peu de chose à la sécrétion copieuse des urines. C'était là une circonstance qui, dans l'appréciation des effets directs de nos eaux, pouvait devenir une cause d'erreur. Aussi, n'acceptant jamais les rapports des malades qui se plaçaient dans cette catégorie, je n'ai tenu compte que des faits observés chez ceux qui se réduisent à la boisson de trois, quatre ou cinq verres au plus. Chez eux, les urines sont promptement augmentées ; elles coulent sans irritation, même quand cette disposition s'est réalisée pendant trois semaines ou un mois. Les effets journaliers se soutiennent en général assez longtemps ; et rien n'est plus facile, à cause de la quantité de liquide que| chaque évacuation entraîne, que de constater combien sa masse totale est de beaucoup plus considérable que celle de l'eau prise en boisson. L'effet diurétique s'établit assez promptement ; les évacuations se succèdent alors avec rapidité, et quelquefois elles deviennent incommodes. Elles diminuent enfin de fréquence, quelques heures après que la boisson a cessé ; mais, vers la fin du jour, chaque fois qu'elles se renouvelent, elles offrent une augmentation notable sur ce qu'elles seraient dans l'état ordinaire.

Jusqu'ici, cette action diurétique a été rarement la cause spéciale de l'administration des eaux de Foncaude. Cependant, un assez grand nombre de malades en ont retiré des effets très-remarquables. Je n'en citerai ici

qu'un seul exemple, dans lequel l'effet diurétique fut
très-prononcé, pendant que la peau devenait le siége
d'une vive sur-excitation. Sous ces deux rapports, cette
observation me paraît assez intéressante pour être rap-
portée avec quelques détails.

M^r..., âgé de 52 ans, d'une forte constitution, d'un
tempérament bilioso-sanguin, éprouva, en 1817, après
un violent exercice d'escrime, une rougeur érythémateuse sur toute la partie droite du corps. Cette éruption
s'effaça promptement, soit à cause de sa nature même,
soit qu'elle cédât à quelques moyens répercussifs que l'on
mit en usage. Plusieurs années après, un long voyage
à cheval fut suivi de l'apparition de rougeurs, avec vives
démangeaisons sur le scrotum. Les fatigues du siége de
la citadelle d'Anvers, auquel le malade assista, et, pendant sa durée, l'influence d'une mauvaise saison, d'une
nourriture de mauvaise qualité, augmentèrent considérablement les démangeaisons et la rougeur du scrotum. Un
médecin militaire conseilla alors d'appliquer sur la partie
une pommade dont M^r... ignore la composition. L'éruption disparut promptement; mais, immédiatement après,
une douleur très-forte se fit sentir dans le canal de
l'urètre, s'y fixa, et par sa durée amena des rétrécisse-
ments qui, sans doute, furent la conséquence d'un état
inflammatoire de la membrane muqueuse. Par suite,
l'émission des urines devint difficile et très-douloureuse.

Malgré que M^r... n'eût jamais eu le moindre symptôme apparent de maladie vénérienne, on s'obstina à
lui faire subir plusieurs traitements antisyphilitiques,

qui restèrent sans succès contre les douleurs et la difficulté qu'il éprouvait en urinant. Cet état durait depuis
deux ans , lorsque des graviers d'acide urique parurent
dans les urines , et donnèrent lieu à des attaques violentes et plus ou moins rapprochées , de coliques néphrétiques , contre lesquelles les eaux de la Preste et de Vichy
procurèrent toujours du soulagement. En 1846, quelque
temps après avoir bu , sans résultat notable , les eaux de
St-Galmier, M^r... essaya les eaux de Foncaude en bains
et en boisson. Sept à huit bains suffirent pour déterminer sur la peau des cuisses et des jambes l'apparition
de quelques plaques dartreuses , et pour faire reparaître
les rougeurs et les vives démangeaisons du scrotum ; les
urines coulaient aussi en grande abondance , et déjà les
douleurs qu'elles causaient habituellement , se trouvaient
considérablement amoindries. Cet effet s'accrut de plus
en plus, et, après trente jours de l'emploi des eaux ,
M^r... avait retrouvé une santé fort satisfaisante.

Depuis que l'émission des urines était douloureuse ,
elles ne cessaient pas , bien que limpides en sortant , de
se troubler par le repos , de devenir bourbeuses et de
donner une quantité plus ou moins grande d'acide urique,
quelquefois sous forme de sable. Sous l'influence des
eaux de Vichy, elles entraînaient d'abord une quantité
de glaires très-difficiles et très-douloureuses à expulser ;
puis, abondamment de sable rouge , dont la masse diminuait peu à peu pour disparaître enfin tout à fait. Bien
que les eaux de Foncaude eussent décidé un effet diurétique toujours très-prompt et souvent porté au point

d'être incommode, les urines ne cessèrent d'être bourbeuses que près de trois semaines après l'abandon de
l'usage des eaux. Mais l'absence du sable ou du dépôt
après leur refroidissement, se prolongea plus longtemps
que jamais, l'hiver presque entier s'écoula sans qu'ils
eussent reparu. Il y a même cela de remarquable, que,
pendant une amélioration semblable, résultant de l'emploi des eaux de la Preste ou de Vichy, le moindre écart
de régime, un peu de café ou de liqueur, une promenade à cheval, suffisaient pour rendre de nouveau les
urines sédimenteuses. Plusieurs années après l'emploi
des eaux de Foncaude, le bien qu'elles avaient produit
résistait encore à ces mêmes causes, M^r... ayant la précaution de prendre les eaux chaque été. Du reste, cette
différence ne paraît pas difficile à comprendre, quand on
observe que l'affection cutanée qui avait reparu sous
l'action des premiers bains de Foncaude, se soutint longtemps, et que rien de semblable n'avait eu lieu tant que
M^r... avait eu recours à d'autres eaux minérales.

CHAPITRE III.

DE L'EMPLOI DES EAUX DE FONCAUDE.

J'ai réservé pour la dernière partie de mon travail, l'exposé des faits qui doivent montrer les résultats obtenus par l'emploi des eaux de Foncaude, dans le traitement des maladies qu'elles peuvent guérir. Je n'ai pourtant pas le projet d'accumuler ici un nombre indéterminé d'exemples. Les faits les plus simples, les plus ordinaires, ont en eux-mêmes un grand degré d'utilité ; c'est de leur comparaison, de leur étude analytique que nous devons déduire la connaissance de l'action des eaux. On ne peut, sans doute, arriver à ce résultat que par le rapprochement d'un très-grand nombre d'observations, mais je crois qu'il me suffit d'avoir présenté, dans le chapitre qui précède, les conclusions d'un semblable travail.

Je me bornerai donc à rapporter ici quelques exemples d'application, en les choisissant de préférence parmi les cas les plus graves, ou parmi ceux qui peuvent tout à la fois rappeler les effets physiologiques et pathologiques les plus ordinaires des eaux, et confirmer certaines particularités de leur mode d'action que j'ai déjà signalées.

Dans l'exposition de ces faits, je suivrai la marche indiquée par la succession des effets que les eaux déterminent. Je donnerai d'abord ceux qui se rapportent à leur action sédative ; en second lieu, ceux qui découlent de cette même action combinée avec l'effet particulier dont la peau devient le siége.

Les affections nerveuses contre lesquelles les eaux de Foncaude ont, par leur vertu sédative, obtenu des succès évidents, ne se sont pas toujours présentées sous la même forme. Les unes, se produisant avec un caractère général, offrant quelque chose de vague, de mal défini, tenaient, cependant, sous leur dépendance l'ensemble des principales fonctions ou seulement quelqu'une d'entre elles, et causaient dans leur accomplissement des perturbations plus ou moins graves. D'autres fois, l'état nerveux n'était qu'un des éléments de la maladie, tantôt primitif, tantôt secondaire ; il a souvent trouvé, dans cet état de combinaison, un obstacle puissant à l'action favorable des eaux. Enfin, chez quelques malades, les douleurs fixées sur un organe isolé, sur une partie limitée du système nerveux, constituaient de simples névralgies, dont l'opiniâtreté n'a pas toujours été rebelle aux bains, comme elle l'avait été aux moyens employés avant eux.

Une personne de 30 ans, lymphatique, d'une faible constitution, livrée à un genre de vie toute de dévouement et d'abnégation personnelle, éprouvait de vives douleurs hystériques aux apparitions toujours irrégulières de ses mois. Un écoulement leucorrhéique se prolongeait d'une époque à l'autre ; des douleurs ou plutôt une forte fatigue dans les reins et des lassitudes dans les jambes survenaient au moindre exercice pénible. L'estomac, souvent douloureux, accomplissait mal ses fonctions; l'appétit se perdait; les digestions, longues et pénibles, s'accompagnaient de flatuosités et de constipation habituelle. Une ophthalmie chronique et douloureuse, de fréquentes céphalalgies, une extrême sensibilité générale, indiquaient une exaltation, une irritabilité nerveuse dont la malade souffrait beaucoup. J'essayai les bains de Foncaude. Le premier, pris un peu frais et trop prolongé, fatigua beaucoup. Il en résulta un froid général qui se prolongea pendant plusieurs heures, avec une tendance insurmontable au sommeil, lassitudes générales, céphalalgie intense. La réaction survint enfin; elle fut à son tour active, soutenue, et procura de l'agitation pendant la nuit. Les bains suivants, moins prolongés, eurent une action moins prononcée; mais, déjà après le huitième, l'appétit était revenu; les digestions étaient plus faciles; les flatuosités, les douleurs gastralgiques avaient cessé; l'irritabilité était moindre, le sommeil plus réparateur. Bientôt après, les forces s'augmentèrent; la fatigue fut mieux supportée et ne causa plus de douleurs sur les reins. La figure n'offrait plus l'air de souffrance et d'abattement qu'on y voyait autrefois; les paupières n'étaient plus ni rouges, ni chassieuses. La malade avait retrouvé ses forces, son activité et sa tolérance indulgente pour tout ce qui l'entourait; elle ne se disait plus nerveuse. Les douleurs hystériques étaient fort rares; la perte blanche avait disparu, et dans l'intervalle des bains, les règles s'étaient montrées sans être suivies d'aucun flux leucorrhéique. Vingt bains suffirent pour amener ces heureux résultats, dans ce cas où la sur-excitation générale de tout le système nerveux, se manifestant avec une intensité particulière sur l'estomac et sur l'utérus, faisait doublement craindre une résistance plus opiniâtre. Sans la faiblesse qui était venue se joindre à l'élément nerveux et qui, sans doute, fut la cause de la sédation profonde produite par le premier bain, l'état du système nerveux en général pouvait être considéré comme l'unique source des indications qu'il fallait remplir ; aussi n'est-ce guère qu'à l'action sédative des eaux qu'il faut attribuer la guérison.

Il n'en fut pas tout à fait de même dans le cas suivant ; à un état nerveux général, s'étaient ajoutées d'autres lésions fonctionnelles. La guérison qui survint, fut, comme on le verra par les détails du fait lui-même, la conséquence d'une action plus compliquée.

Une dame, âgée d'environ 40 ans, d'un tempérament bilioso-sanguin, toujours bien réglée, avait éprouvé, en 1842, une maladie cutanée qui s'était fixée à la base du cou, sur la partie supérieure du dos, et qui disparut aisément pour ne plus se montrer. Dès ce moment, elle ressentit quelques douleurs passagères dans la région hypochondriaque droite, et aperçut sur diverses parties de son corps, des éphélides hépatiques ; les principales fonctions s'accomplissaient avec régularité, mais celles de la peau, qui avait toujours offert au toucher une sorte de rudesse, d'aridité, s'étaient constamment montreés peu régulières. Souvent, sans cause connue, la malade était affectée d'inquiétudes vagues, de malaise moral, de tension fatigante sur la tête et d'insomnies très-opiniâtres. Alors, le teint s'altérait, les forces diminuaient, et le moral, s'affectant de plus en plus, donnait aussi plus d'empire aux idées tristes qui s'emparaient de la malade. Les premiers bains de Foncaude rendirent les nuits meilleures, le repos fut plus réel, plus réparateur ; bientôt le teint s'éclaircit, les forces se relevèrent, toutes les idées tristes disparurent, et une guérison rapide fut obtenue par vingt bains donnés à une température fraîche et prolongés pendant demi-heure seulement. Les éphélides hépatiques avaient disparu, ainsi que les douleurs hypochondriaques ; et la souplesse, la douceur de la peau avaient remplacé l'aridité, la rudesse que la malade y éprouvait. S'il était permis dans ce cas de supposer que le mauvais état des fonctions cutanées eût porté vers le foie un principe d'irritation capable de réagir à son tour, d'une manière sympathique, sur le système nerveux ou son centre principal et d'en vicier les fonctions, ne serait-il pas aussi permis d'attribuer la guérison de ces états morbides, non-seulement à l'action sédative des eaux de Foncaude, mais aussi à l'activité nouvelle et plus régulière qu'elles avaient imprimée à la peau ?

Névralgie sciatique. — Un cultivateur, âgé de 40 ans, d'un tempérament bilioso-nerveux, avait éprouvé, pendant les premiers mois de l'année 1847, quelques secousses morales assez profondes pour que leur influence

se fît sentir d'une manière fâcheuse sur les voies digestives. Les digestions s'altérèrent, l'assimilation se fît
mal ; de là, formation de collections saburrales, amaigrissement et déperdition de forces. Vers le commencement de juillet, une cholérine des plus violentes, accompagnée de crampes dans les membres inférieurs, vint
ajouter à l'état de dépérissement du malade. Avant même
que sa convalescence fût établie, les crampes furent rem-
placées, dans le membre inférieur gauche, par des douleurs des plus aiguës fixées sur tout le trajet du grand nerf
sciatique, depuis sa sortie jusqu'au pied, et dans les
divisions du nerf crural, depuis le pli de l'aine jusqu'au
tiers inférieur de la cuisse. Des cataplasmes, des sangsues,
des vésicatoires, ne calmèrent que faiblement l'acuité des
douleurs : la flexion du membre était impossible, la marche
très-douloureuse ; le malade était obligé de se soutenir
sur une béquille, et ne pouvait avancer le pied gauche
qu'en le traînant sans le détacher du sol ; aussi se per-
mettait-il à peine quelques pas pour aller de son lit à son
fauteuil : monter, descendre un escalier, était tout à fait
impossible. Il souffrait quand il était assis ; le séjour au
lit réveillait promptement la douleur, et les insomnies
qui en résultaient, réagissaient péniblement sur toutes
les fonctions. La peau était aride, desséchée, rude au
toucher ; le pouls petit, fréquent, contracté. Une inquiétude générale tourmentait le malade, qui était sans appétit,
sans goût pour toute espèce d'aliments, et qui, amaigri
à l'excès, semblait miné par une fièvre hectique.

Dans cet état, M^r... se rendit aux bains de Foncaude,

le 15 août 1847, prit un bain en arrivant, et, dès le
lendemain, deux par jour, à la température de 33 à
34 degrés centigrades et de trois quarts d'heure de durée.
Bientôt il les refroidit un peu plus et les prolongea un
peu moins. L'effet sédatif se prononça avec modération ;
les réactions furent faciles. Après le cinquième bain,
quand il n'y avait encore aucune modification dans l'état
de la jambe gauche, une douleur intense se manifesta
sur l'épaule du même côté. Elle disparut le surlendemain,
sans que les bains eussent été interrompus. Dès-lors
aussi la jambe commença à retrouver de la souplesse pour
la flexion, de la force pour le mouvement ; elle se détachait du sol avec plus de facilité, supportait le poids du
corps ; le malade pouvait déjà se chausser lui-même ; les
douleurs étaient considérablement diminuées. Elles ne
reparaissaient plus au lit, où le sommeil se prolongeait
sans interruption pendant toute la nuit. L'appétit se prononçait aussi, de meilleures digestions amenaient plus
de force, et l'amélioration générale de l'état du malade
marcha si rapidement, qu'après dix-neuf bains, pris dans
dix jours, sa guérison était complète.

Névralgie faciale. — Une dame, âgée de 52 ans,
d'un tempérament lymphatique nerveux, avait cessé d'être
réglée depuis deux ans. Cette époque s'était passée sans
secousse, et c'est moins à son influence qu'à celle de
chagrins profonds, qu'il faut attribuer l'exaspération des
douleurs rhumatismales nerveuses auxquelles cette dame
était sujette. Quoi qu'il en soit, au commencement de

l'été de 1849, ces douleurs se firent sentir avec assez de violence, soit sur les membres inférieurs, soit dans la tête. Différents moyens mis en usage restaient sans succès, quand la malade eut l'idée de se baigner chaque jour dans l'étang salé de Mèze. Les douleurs cessèrent. A peine la guérison était-elle confirmée par quelques jours de calme, que Madame... fut obligée, pour un motif très-pénible, de se rendre de Mèze à Cette, à dix heures du soir, par un vent frais et très-fort, et en traversant l'étang sur un petit bateau découvert. Les douleurs reparurent ; elles se portèrent sur la joue droite, sur la plus grande partie des dents, dans l'orbite et sur presque toute la moitié du cuir chevelu, du même côté. L'oreille interne n'était pas à l'abri de quelques élancements douloureux. Quelque apparence de périodicité engagea M. le docteur Négret à essayer les antipériodiques unis aux calmants. Ces moyens échouèrent, et la malade, se rappelant le soulagement qu'elle avait trouvé à Foncaude en 1847, se décida à y revenir, le 19 août 1849. Son état se montrait encore tel que je viens de le décrire, et, sauf une constipation opiniâtre, les principales fonctions étaient assez régulières. C'était surtout dans l'après-midi que les douleurs reprenaient, chaque jour jusque vers le milieu de la nuit, une très-grande intensité, qui ne faisait ensuite que s'affaiblir sans disparaître tout à fait.

Après quatre bains pris à une température agréable, les douleurs de la tête revenaient encore, le soir seulement ; elles occupaient les mêmes parties, mais elles étaient beaucoup moins fortes, et pendant leur durée n'empêchaient pas la malade de sortir, de se promener dans les bosquets. Comme elle se plaignait toujours de constipation et d'un peu de pesanteur à la tête, même après la cessation du paroxysme des douleurs, on eut recours à une douche ascendante. Une douche chaude sur les pieds fut donnée avant le bain. Sous l'action de ces moyens et après une évacuation considérable de matières durcies, les douleurs diminuèrent de plus en plus, et, dès le dixième bain, manquaient déjà presque complètement. Elles se montrèrent un peu plus intenses après le douzième, mais sans conserver cette périodicité qu'elles offraient si positive dans le principe. Elles ne durèrent que quelques instants, restèrent fixées dans la partie profonde de l'orbite droit, et se dissipèrent facilement. Déjà, les nuits étaient constamment bonnes, le teint reprenait de la fraîcheur, les traits n'étaient plus grippés par la souffrance, l'appétit s'était augmenté, des digestions faciles doublaient les forces, et quelques bains de plus confirmèrent la guérison.

Dans cette observation, comme dans la précédente, l'action sédative des eaux se manifestait chaque jour après le bain, et chaque jour était suivie de réactions douces et faciles. Dans l'un et l'autre cas, elle n'a pas tardé à faire disparaître des douleurs qui portaient en elles un caractère remarquable d'acuité, et malgré l'augmentation passagère qui s'est montrée chez l'un et l'autre malade, et que j'avais signalée comme un des effets des eaux, on a pu sans inconvénient continuer l'usage de celles-ci. La guérison ne s'est pas démentie chez le premier de ces deux malades ; l'hiver suivant, quelques douleurs dans les membres se sont reproduites chez la malade qui fait le sujet de la seconde observation.

Gastralgie. — Une religieuse, âgée de 35 ans, d'un tempérament lymphatique, chargée d'occupations pénibles et multipliées, éprouvait à la région épigastrique un sentiment constant de gêne et de douleur. Le seul contact des vêtements était importun et devenait en quelque sorte douloureux, quand la malade était obligée de suivre une longue conversation ; au contraire, une pression plus forte sur l'épigastre, opérée par la main posée à plat, devenait un moyen de soulagement. Dans le moment où la douleur devenait plus vive, elle se faisait sentir jusque vers le dos, et dans ces moments, la voix, ordinairement affaiblie depuis que la malade souffrait, avait quelque chose de pénible, de fatigant dans son émission. La langue n'avait jamais offert la moindre rougeur ; elle était humide, étalée, sans enduit d'aucune espèce, et cependant la soif était fréquente. L'appétit était presque nul ; les aliments les plus légers pesaient sur l'estomac ; des rapports souvent acides, des flatuosités tourmentaient la malade pendant le travail des digestions. Les forces diminuaient chaque jour ; l'embonpoint habituel avait fait place à une maigreur qui s'augmentait sans cesse ; une constipation habituelle s'était établie ; les menstrues s'étaient supprimées. Le teint de la malade, naturellement coloré, s'était effacé ; la peau de toute la surface du corps était terne, aride, désagréable au toucher; le pouls régulier, sans fréquence, mais petit, serré, ne résistait pas à la pression; la respiration était libre et facile, si ce n'est dans les moments de vive douleur à l'épigastre, ou quand un exercice pénible causait de la fatigue générale; alors, survenait une oppression plus ou moins prolongée. Des moyens assez variés avaient été mis en usage, et peut-être ne devaient-ils leur insuccès qu'à l'impossibilité d'empêcher la malade de reprendre ses occupations, dès qu'elle se trouvait un peu soulagée. — L'état que je viens de décrire était dans sa plus grande intensité, quand, au mois de juillet 1850, nous eûmes recours aux bains de Foncaude. Ils furent pris à la température de 36 degrés centigrades, et suivis de la boisson de deux verres d'eau. Les premiers bains, tout en amenant quelque amendement sensible dans les douleurs, parurent fatiguer beaucoup. L'effet sédatif était suivi d'une réaction très-prompte, qui d'ordinaire se passait pendant le retour à Montpellier en voiture. Un repos prolongé plus longtemps à Foncaude avant le départ mit un terme à ces circonstances défavorables, et bientôt le calme si marqué que la malade se réjouissait d'éprouver immédiatement après chaque bain, se prolongea de plus en plus et produisit une amélioration générale. Après le seizième bain, l'époque de la menstruation étant arrivée, celle-ci ne parut pas encore, mais il survint une leucorrhée assez abondante.

Après le dix-neuvième bain, la guérison semblait déjà terminée; la voix avait retrouvé sa force; la région épigastrique n'était plus douloureuse, l'appétit était sou-

tenu et la digestion prompte et facile. A la constipation
avaient succédé des évacuations faciles, spontanées; la leucorrhée avait disparu ; le pouls avait repris de la force et de
la plénitude; les forces générales se relevaient; l'embonpoint commençait à reparaître, et avec lui le teint de la
malade tel qu'il était avant ses souffrances. Après le
vingt-neuvième bain, le rétablissement était complet. Les
règles parurent sans douleur, mais assez peu abondantes
pour qu'on jugeât nécessaire l'application de quelques
sangsues. Les symptômes de gastralgie n'ont plus reparu.
Ils avaient exigé pour leur guérison complète un assez
grand nombre de bains. Il faut, sans doute, en chercher
la cause dans leur ancienneté, dans le peu de soin que
la malade avait pris d'elle-même avant de recourir aux
eaux de Foncaude, et peut-être aussi dans la perturbation
causée chaque jour dans les réactions, par l'obligation
de rentrer à Montpellier. Quelque soin que l'on eût pris
de retenir la malade le plus longtemps possible à Foncaude après chaque bain, la réaction n'était pas tout à
fait terminée quand il fallait monter en voiture, et ce qui
s'est passé dans ces cas, est la preuve de ce que j'ai
avancé sur la nécessité absolue du repos après le bain,
pour certaines personnes.

*Commotion de la moelle épinière; altération de la
sensibilité dans les membres inférieurs; névralgie
gastro-intestinale.* — M. d'A...., âgé de 30 ans environ, avait fait une chute de cheval, dans laquelle il
avait frappé violemment de toute la longueur du dos, sur

un tas de pierres brisées pour l'entretien des chemins.
Un engorgement douloureux à la pression, étendu du bas
de la région lombaire droite jusqu'au niveau de l'articulation coxo-fémorale, apportait une grande gêne dans la
flexion du tronc sur les cuisses, et quand le malade se
baissait pour ramasser quelque objet, il éprouvait de si
grandes difficultés à se relever, qu'il ne pouvait le faire
que très-lentement et en s'aidant d'un point d'appui. La
peau qui recouvrait cette tumeur et les parties les plus
voisines, avait perdu une grande partie de sa sensibilité.
La marche, quoique assez facile, offrait pourtant quelque
chose d'embarrassé ; elle amenait une prompte fatigue.
Les deux jambes, la droite surtout, étaient le siége
d'une sorte de fourmillement, et parfois d'un engour-
dissement qui ne tardait pas à se dissiper ; le malade y
ressentait constamment une grande pesanteur ; leurs
mouvements avaient quelque chose de difficile, de lent,
et cependant ces membres avaient conservé l'un et l'autre
leur couleur ordinaire et une chaleur à peu près naturelle. Quelques dérangements étaient aussi survenus dans
les digestions, qui s'accompagnaient de douleurs dans
l'estomac et les intestins.

Les eaux de Foncaude en douches chaudes sur la
partie engorgée et en bains tièdes, avaient déjà, dès le
troisième jour, rendu complètement au malade la faculté de se baisser et de se relever sans aucun secours.
Quelques jours après, sa marche était beaucoup plus
facile, l'engorgement réduit au volume d'une amande,
et là sensibilité rétablie dans la peau qui le recouvrait.

On n'insista pas assez sur ce moyen pour achever la guérison. Dans le courant de l'hiver, des irrégularités plus
graves survinrent dans les fonctions digestives ; des douleurs gastralgiques, des coliques s'accompagnèrent de
selles diarrhéiques. Une marche un peu longue était
impossible. Les mouvements pour monter à cheval, la
progression de cette manière étaient difficiles, quelquefois douloureux, toujours très-fatigants. Les jambes, de
plus en plus raides, pesantes, étaient toujours atteintes
de fourmillements, de torpeur ; les pieds se refroidissaient
constamment, tandis qu'ils devenaient le siège de transpirations abondantes, et que les sueurs, au contraire,
se supprimaient dans tout le reste du corps. Une chute
sur le sacrum laissa sur l'articulation de ces os avec le
coccyx une douleur permanente et intense, sans aggraver l'état des membres inférieurs.

Au mois de juin 1850, M. d'A... était encore dans
l'état que je viens de décrire, malgré quelques améliorations très-passagères que divers moyens avaient procu-
rées. Il revint alors à Foncaude, prit sur les parties
douloureuses et engorgées, des douches à 43 degrés centigrades, des bains d'une heure de durée à 35 degrés, et
but chaque jour trois verres d'eau. Après le huitième
jour, les douleurs gastralgiques et les coliques avaient
presque entièrement cessé. Après le douzième, la marche
était si bien améliorée, une longue promenade à pied
était devenue si facile, que le malade se réjouissait de
ne plus ressentir après elle qu'une fatigue tout à fait
analogue à celle que la même cause eût déterminée

avant son accident. Le froid des pieds commençait à disparaître. Enfin, après vingt-trois bains et vingt-deux douches, la guérison était complète. Il n'y avait plus d'engorgement ni de gêne dans le mouvement des membres inférieurs, qui avaient retrouvé leur force et leur souplesse ; la peau avait partout repris toute sa sensibilité ; toute douleur dans les membres avaient disparu, celle du coccyx seule persistait. Le froid aux pieds avait complètement cessé, les sueurs générales s'étaient rétablies, et les digestions s'accomplissaient avec la plus grande régularité. Ces heureux effets ne se sont point démentis.

Gastralgie ; hémorrhagies intestinales. — Monsieur M....., âgé de 48 ans, d'un tempérament nerveux, avait fait succéder à une vie très-active, des occupations tout à fait sédentaires, à la suite desquelles il vit promptement survenir les premiers symptômes d'une gastro-entéralgie, qui s'accrurent graduellement et finirent par altérer sérieusement les forces générales. Alors, sans cause appréciable, sans prodromes évidents, des hémorrhagies très-abondantes, composées d'un sang décoloré, comme mêlé avec de l'eau, entraînant cependant parfois des caillots noirâtres, eurent lieu par l'anus. Ces hémorrhagies, souvent répétées plusieurs fois dans les 24 heures, se montraient ainsi pendant une quinzaine de jours, et disparaissaient, laissant après elles de la diarrhée et du ténesme que remplaçait bientôt une nouvelle constipation. Cette alternative durait encore avec

tout le cortège des symptômes gastro-entéralgiques,
quand Monsieur M..... reçut de M. le docteur Fontaine,
de Nimes, le conseil de se rendre à Foncaude.

L'amaigrissement était considérable, le teint complètement décoloré comme dans les cas de grande anémie ;
le pouls faible mais régulier, ainsi que les battements du
cœur ; la respiration, libre et facile pendant le repos,
s'oppressait au moindre mouvement ; nul engorgement
ne se faisait sentir dans les organes du bas-ventre ; les
extrémités inférieures, la gauche surtout, étaient infil-
trées jusqu'au-dessus des malléoles. J'avoue qu'au milieu
d'un état semblable, l'absence de lésion physique appréciable me fit espérer, comme l'avait fait M. le docteur
Fontaine, que nous retirerions de bons effets de l'application des eaux de Foncaude. Nous les essayâmes d'abord
avec beaucoup de précautions, soit en boisson, soit en
bains à une température agréable, mais peu prolongés.
Leur effet sédatif se caractérisa par un léger refroidissement, auquel succéda une réaction facile à supporter,
mais pendant laquelle les mouvements d'expansion vers
la peau furent assez intenses pour que la chaleur des
mains s'accompagnât d'une vive rougeur, très-longtemps
soutenue. C'était précisément par suite d'une sérieuse
attraction vers la peau, que j'espérais obtenir la guérison
de ce malade ; et, après les cinq ou six premiers bains,
une amélioration réelle semblait se produire. La décolo-
ration de la peau était moindre, les forces augmentaient,
les symptômes gastro-entéralgiques s'amendaient, le
sommeil venait plus souvent ajouter quelque chose au

soulagement opéré, quand une nouvelle hémorrhagie très-abondante vint complètement détruire le bien déjà produit. Ce premier échec ne fut pas un motif de découragement; mais, à trois ou quatre reprises différentes, un même amendement dans le mal, un même insuccès s'étant reproduits, bien qu'on eût encore cherché dans les moyens pharmaceutiques ce qui semblait devoir venir en aide à l'action des eaux, je dus renoncer à l'emploi de ces dernières.

Une disposition fluxionnaire permanente vers le point par où se faisait l'hémorrhagie, fut-elle la cause de l'impuissance des eaux? et faudrait-il, d'après ce fait, regarder *l'existence actuelle d'un mouvement fluxionnaire sanguin* comme une contre-indication à leur emploi? En attendant qu'une expérience plus soutenue puisse prononcer à cet égard, on peut rapprocher de ce fait ce qui se passa chez une jeune dame que M. le professeur Golfin envoya à Foncaude, pendant qu'elle était convalescente d'une longue et violente hystéralgie.

L'amaigrissement était considérable; les forces bien diminuées ne permettaient pas la moindre marche, bien que, depuis quelques jours, la malade pût se tenir debout et se redresser tout à fait, sans que la pression des muscles abdominaux sur les viscères réveillât dans la matrice la douleur qu'elle y causait encore quelques jours auparavant. Le ventre était souple, affaissé, un peu douloureux à la pression et seulement dans les régions iliaques. Le mouvement causait des douleurs dans les reins, une prompte fatigue générale qui avait pour résultat sccondaire d'augmenter les dérangements d'estomac auxquels la malade était encore sujette, et qui se manifestaient par quelques douleurs gastralgiques, par des selles en diarrhée. Très-pâle, fort amaigrie, devenue de plus en plus impressionnable, Madame.....se levait à peine depuis quelques jours et pendant quelques heures seulement, quand elle vint à Foncaude, où il fallait la porter de son appartement au bain.

L'effet des eaux se manifestait par une légère diminution de la chaleur du corps, un peu de propension au sommeil, une diminution notable dans la fréquence et l'élévation du pouls. Une réaction évidente, mais douce et ménagée, survenait bientôt et sans jamais fatiguer la malade, qui se couchait en sortant du bain.

L'amélioration générale fut rapide. La première fois que les règles durent venir à Foncaude, au lieu d'avancer de quelques jours, comme elles l'avaient fait pendant toute la maladie, qui avait duré plusieurs mois, elles se retardèrent de quelques jours et vinrent sans douleur. Le lendemain de leur terminaison, Madame.....crut pouvoir reprendre un bain. Le calme qui lui succéda, fut rapidement remplacé par une réaction qui, dès son début, ramena la perte sanguine. Ce résultat, amené pendant que l'utérus était encore le siége d'un reste de mouvement congestionnel, et contrastant avec ce qui s'était passé sous l'action du même agent, tant que cet organe se trouvait éloigné de son époque de fluxion périodique, vient-il à l'appui de ce que nous avons déduit de l'observation qui précède? Pouvons-nous conclure déjà

que l'existence *actuelle* d'un mouvement fluxionnaire
sanguin vers un organe, soit une contre-indication réelle
à l'emploi des eaux de Foncaude? Je ne suis pas éloigné
de le croire, surtout quand le mouvement fluxionnaire
s'unira à une grande susceptibilité nerveuse de l'organe
malade.

Palpitations.—L'action sédative des eaux de Foncaude s'est montrée favorable dans quelques cas de palpitations qui ne dépendaient point de lésions organiques
du cœur. Cette action, ressentie par le système vasculaire
et son centre principal, s'est retrouvée dans un assez
grand nombre de faits relatifs à d'autres genres de maladie. Je la confirmerai, en citant de préférence deux
exemples de palpitations qu'elle a guéries. L'un de ces
cas se rapporte à un homme de 27 ans, d'un tempérament nerveux et très-irritable. Après un catarrhe
pulmonaire peu intense, survinrent de violentes palpitations, dont on ne put déterminer la cause. Elles résistè-
rent aux eaux de Sylvanès prises pendant l'été de 1847,
et, l'année d'après, le malade vint à Foncaude dans
l'état suivant. Le décubitus sur l'un ou l'autre côté ou
en supination n'était pas possible; le malade devait dormir
presque assis. La marche amenait promptement de l'oppression et augmentait les palpitations habituelles que le
repos diminuait. Dans l'état de calme, les battements de
cœur, sensibles pour le malade, offraient, quand on les
explorait, de l'exagération dans tous leurs caractères habituels. Cependant, le choc communiqué à la main ou à

l'oreille était presque nul, et la matité produite par la percussion ne s'étendait pas au-delà des limites naturelles.

Les battements du cœur étaient accélérés, un peu
irréguliers dans leur succession, et semblaient, à droite
surtout, offrir un son un peu plus clair que dans l'état
ordinaire, mais cette particularité était bien faiblement
dessinée ; aucun bruit pathologique ne se faisait entendre,
et tous les orifices paraissaient libres.

Le pouls fréquent, peu développé, irrégulier, s'élevait
jusqu'à 96 pulsations par minute.

Les fonctions digestives offraient quelques dérangements ; l'estomac, habituellement fatigué, exigeait un
régime léger et choisi ; une constipation opiniâtre était
habituelle. Les autres fonctions étaient régulières.

Le malade prit chaque jour deux bains à 35° centigrades et d'une heure de durée. Il but quatre verres
d'eau et prit de temps en temps une douche ascendante.

Après le 19ᵉ bain, les battements du cœur étaient plus
rares, ils étaient réguliers ; le pouls ne battait que 75 fois
par minute. Le malade supportait mieux la marche et le
décubitus sur le dos ; il ne sentait plus dans les instants de
repos, les battements de son cœur. Après le 36ᵉ bain,
le pouls observé un jour où le malade n'avait pas pris de
bains, était régulier, souple, assez développé, et ne
donnait que 66 à 69 pulsations par minute. Les digestions s'étaient un peu améliorées, les urines étaient devenues très-abondantes, le sommeil était plus tranquille,
et le malade, satisfait de ces améliorations, ne prolongea

pas davantage son séjour à Foncaude. J'ai eu récemment l'occasion de voir M. L..., il ne se plaint plus de ses anciennes palpitations.

Le second exemple a pour sujet un enfant de six ans, d'un tempérament lymphatique. Il avait éprouvé dans les premières années de son enfance, une atteinte grave de teigne muqueuse (*impetigo larvalis*), qui avait envahi le cuir chevelu et une partie de la figure. Un cautère au bras, quelques tisanes dépurantes et quelques pommades ou lotions alcalines firent tout disparaître.

En décembre 1849, pendant que ses parents étaient à l'office divin, cet enfant, effrayé d'être seul, se leva en chemise et resta pendant assez longtemps exposé au froid violent qui régnait alors. On le trouva presque glacé ; un catarrhe pulmonaire grave fut la conséquence de ce refroidissement. Le 29 juin, l'enfant, atteint de palpitations que l'on rapportait à la suite de ce catarrhe, me fut présenté par M. le docteur Cavani, qui avait déjà employé, sans résultat, les moyens rationnels que le mal réclamait.

La percussion sur la région du cœur constatait que la matité ne s'étendait pas beaucoup au-delà des limites ordinaires. La main appliquée sur le cœur, sentait des battements assez prononcés. L'auscultation faisait entendre dans les cavités gauches, un bruit de souffle très-évident, succédant au bruit le plus clair des battements du cœur. Le même phénomène se faisait aussi entendre à droite ; mais il était si faible, qu'il semblait n'être que la propagation de celui qu'on observait à gauche.

Le pouls était régulier, assez élevé; il donnait 100 pulsations par minute. Une vive oppression soulevait les
parois de la poitrine et s'augmentait péniblement, soit
par le décubitus sur le dos ou sur les côtés, soit par la
marche. La figure était angoissée. Les principales fonctions étaient régulières.

La peau offrait çà et là, surtout sur les membres
inférieurs, quelques pustules d'*eczema rubrum*, rares,
séparées par de grands intervalles.

Les bains de Foncaude furent donnés à la température
de 35 degrés centigrades et prolongés pendant demi-
heure.

Après le onzième bain, le pouls était tombé à 90 pulsations par minute; l'oppression était moindre, la figure
moins angoissée. Le bruit de souffle était moins prononcé
des deux côtés du cœur, le sommeil plus tranquille, et
pendant sa durée les palpitations se montraient moins
intenses.

Après le quatorzième bain, les pulsations n'étaient
plus qu'à 80 par minute; l'oppression était presque nulle,
mais se réveillait encore au moindre mouvement préci-
pité. Après le vingt-troisième, les battements du cœur
étaient bien moins forts; le bruit de souffle nul à droite,
très-faible à gauche; aussi le bruit respiratoire, qui dans
le principe ne s'entendait pas du tout à une certaine distance du cœur, tant il était masqué par le bruit de ses
contractions, était devenu appréciable jusqu'aux limites
de la région qu'occupe cet organe. Le jeune malade était
plus gai, plus disposé aux jeux de son âge, et reprenait

chaque jour un air de bonne santé. Enfin, après **25** bains,
le bruit de souffle était éteint; l'impulsion produite par les
battements du cœur était réduite à une intensité à peu près
normale ; le pouls donnait **80** pulsations , il était régulier ; la respiration restait un peu hâtée , des mouvements
précipités l'activaient promptement , mais elle se calmait
aussi plus vite , et le décubitus sur le dos ou sur les côtés
était facilement supporté. On ne retrouvait plus sur la
peau aucune trace des pustules dont j'ai parlé , et le
jeune malade partit de Foncaude , après y avoir trouvé
une guérison qui se soutenait encore il n'y a que peu
de temps.

Douleurs rhumatismales. — J'ai déjà fait connaître,
dans le cours de ce travail , quelques exemples d'affections rhumatismales sub-aiguës guéries par les eaux de
Foncaude. On peut se rappeler que le traitement a offert
un résultat rapide et remarquable par la durée du bien
qui l'a suivi. Ces exemples étaient en général simples ,
peu anciens ; et si je ne cite pas ici un bien plus grand
nombre d'observations de même nature, c'est par le
motif que j'ai déjà fait connaître et qui me fera insister
davantage sur les faits plus compliqués ou accompagnés
de quelque circonstance particulière.

*Douleurs rhumatismales chroniques; dartre furfu-
racée.* — Un ecclésiastique , âgé de **30** ans , d'un tempérament lymphatique , était atteint d'une dartre furfuracée dont le siége était fixé à la partie postérieure du

cou et de la tête. C'était la seule altération qu'eût encore subie sa santé, lorsqu'il fut obligé, il y a quelques années, de traverser à pied une petite rivière dont l'eau s'élevait jusqu'à sa ceinture. Depuis lors, il est sujet, aux moindres variations atmosphériques, à ressentir des douleurs vagues de rhumatisme. Le 2 juillet 1846, M... vint à Foncaude, éprouvant dans l'épaule et le bras droit des douleurs continues, très-intenses ; les mouvements de ce membre, quelque peu étendus qu'ils fussent, réveillaient de vives douleurs dans les muscles de l'épaule, et ne s'accomplissaient alors qu'avec difficulté.

Les bains de Foncaude furent donnés à la température de 35 degrés centigrades, prolongés pendant une heure, et précédés de la boisson de trois verres d'eau.

Les urines furent bientôt abondantes, et les douleurs, d'abord calmées par les premiers bains, avaient totalement cessé après le vingt-troisième. Le malade en prit quelques-uns de plus, et se trouva aussi débarrassé de ses dartres.

Douleurs rhumatismales articulaires. — Marie R..., âgée de 43 ans, d'un tempérament lymphatique sanguin, chargée d'assez d'embonpoint et très-régulièrement menstruée, éprouvait, depuis le commencement de l'hiver de 1847 à 1848, des douleurs rhumatismales. Fixées de préférence sur les genoux, les coudes, les épaules, sans y décider de tuméfaction, elles rendaient les mouvements de ces articulations difficiles et pénibles. Ceux de flexion, dans les genoux principalement, s'accompagnaient dans la plupart des cas d'une sorte de claquement, qui, sans causer de la douleur, devenait pourtant incommode. Les muscles du cou et du dos étaient aussi parfois douloureux dans leurs points d'attache, et, dès que la malade avait marché pendant quelques instants, elle était prise d'une oppression fatigante, qu'elle n'éprouvait pas, malgré son embonpoint, avant l'apparition de ses douleurs rhumatismales.

Les principales fonctions étaient régulières, sauf un peu de lenteur dans les digestions.

Les bains de Foncaude furent administrés à 34 degrés centigrades, et prolongés pendant une heure ; la malade buvait quatre verres d'eau.

Au bout de huit bains, les extrémités inférieures étaient devenues presque aussi souples que dans l'état naturel ; dans les autres parties, les douleurs persistaient encore. Les urines avaient considérablement augmenté ; cependant, des sueurs abondantes s'étaient aussi établies, et des pustules isolées assez nombreuses, entourées d'une base rouge (*impetigo sparsa*), se manifestaient sur les épaules.

On aida l'action des bains par des douches en arrosoir sur ces dernières parties, où une abondante éruption de pustules semblables aux premières se manifesta bientôt ; elle s'étendit jusque sous les seins, et se maintenait encore avec une grande activité après la onzième douche et le dix-neuvième bain. Les douleurs ne se faisaient alors sentir qu'aux épaules. On supprima les douches, et, après vingt-deux bains, la malade, débarrassée de toutes ses douleurs, cessa de se rendre à Foncaude.

Douleurs rhumatismales avec contracture des mem-bres. — Un jeune paysan de 19 ans, d'un tempérament bilieux, d'une bonne constitution, avait, plusieurs fois dans sa jeunesse, éprouvé sur le menton une éruption eczémateuse, qui, depuis l'âge de quinze ans, ne s'est plus reproduite. Au mois de novembre 1846, une périostose assez étendue parut sur la surface intérieure du tibia, et s'accompagnait d'assez vives douleurs. Le malade n'avait jamais eu la moindre affection syphilitique. L'hiver se passa sans autre accident, et la tumeur elle-même diminua, sans qu'on eût recours à aucun moyen ; elle était pourtant apparente et encore sensible au mois d'août 1847. Vers le mois d'avril de la même année, une douleur s'était manifestée, sans cause connue, au talon gauche, à l'insertion du tendon d'Achille. Elle resta quelques jours isolée, sans gonflement notable, sans rougeur et puis se compliqua d'une douleur pa-reille à l'épaule gauche. L'épaule droite, les coudes, les poignets, les genoux se prirent ensuite, sans que les douleurs fussent jamais assez fortes pour causer de la fièvre ou retenir le malade dans son lit. Cependant, le jeu des articulations était devenu douloureux et dif-ficile. L'extension du bras droit ne pouvait se faire d'une manière complète; elle s'arrêtait de manière à ce que l'avant-bras et le bras formassent un angle obtus d'environ cent degrés. La flexion de l'avant-bras sur le bras n'était pas de son côté entièrement pos-sible. Un état semblable s'était d'abord manifesté sur le bras gauche ; il avait un peu diminué depuis que le bras droit était affecté. Les poignets étaient aussi gênés dans leurs mouvements, mais surtout dans ceux d'extension ; la flexion était à peu près complète.

Toutes les articulations offraient leur aspect ordinaire. Elles étaient peu douloureuses à la pression ; leur volume n'était pas changé. Cependant, quand la flexion s'opérait en partie, on eût dit que, dans certains points, les membranes synoviales faisaient saillie, distendues par un peu d'épanchement. Dans les efforts que le malade tentait pour rendre plus complets les mouvements d'extension ou de flexion, quand on cherchait à l'aider dans cette opération, on n'obtenait pas d'augmentation sensible, et l'on réveillait des douleurs très-pénibles qui semblaient résider dans les attaches fibreuses des muscles. La marche était facile, mais les jarrets n'étaient jamais tendus ; les bras ne retombaient jamais sur les côtés, bien qu'ils s'écartassent assez librement du corps ; et ces diverses positions des membres donnaient un air tout particulier au malade quand il était debout. Les forces des membres étaient fort diminuées. Ainsi, une longue marche n'était pas possible, et les bras ne pouvaient soulever le plus léger fardeau. Sous tout autre rapport, la santé était bonne ; seulement le malade était tourmenté par une constipation habituelle.

On commença l'usage des bains de Foncaude, le 23 août 1847 ; le malade les prit à 35 degrés centigrades, les prolongea pendant une heure, et but trois ou quatre verres d'eau.

Les trois premiers bains réveillèrent de vives douleurs

dans toutes les articulations. Elles se dissipèrent promptement, et, sans interrompre les bains, cette exacerbation avait disparu vers le sixième jour du traitement. Dès ce moment, les anciennes douleurs diminuèrent aussi. Après le dixième bain, les genoux étaient plus flexibles, le coude droit s'ouvrait davantage, les poignets avaient encore peu gagné dans leur mouvement de flexion. Les urines étaient abondantes ; la constipation avait fait place à des évacuations journalières et faciles.

Après vingt bains, le malade avait retrouvé tout le jeu de ses membres ; l'extension et la flexion étaient partout complètement rétablies ; les douleurs étaient dissipées et le mouvement ne les réveillait pas. Les forces étaient revenues, et si rapidement que, quinze jours après son départ de Foncaude, ce jeune homme, prenant part aux travaux de la vendange, aidait les hommes à charger sur leur dos des cornues pleines de raisins. Avant de venir aux bains, il ne pouvait pas soulever une carafe pour se verser à boire. Sa guérison ne s'est pas démentie.

Douleurs rhumatismales nerveuses, chroniques. — S...., tailleur de pierres, âgé de 36 ans, d'un tempérament lymphatico-sanguin, avait dans sa jeunesse cruellement souffert d'hémorrhoïdes qui, d'abord, ne s'accompagnaient d'aucun écoulement de sang, et qui, plus tard, fluant avec beaucoup d'abondance, causèrent moins de douleurs. Dans le mois de février 1844, il éprouva, sans cause appréciable, une épistaxis abondante et qui se prolongea pendant vingt-sept heures. Vingt jours après, une douleur des plus vives se fixa à l'origine du nerf sciatique gauche, et se prolongea le long de son trajet à la partie postérieure de la cuisse. Quinze jours après, elle se porta tout à coup aux deux pieds, rendant la marche extrêmement difficile. Malgré cela, S...., occupé loin de la ville, voulut rentrer chez lui à pied, et pendant le trajet reçut une pluie abondante. Les douleurs s'étendirent aux genoux ; bientôt toutes les articulations des membres inférieurs se gonflèrent, la fièvre survint, et cette attaque de rhumatisme se prolongea pendant cinq mois sans que le malade pût quitter son lit. Une nouvelle attaque survint à la fin de 1845, se prolongea fort longtemps, et au mois de juillet 1846, quand S.... vint prendre les bains de Foncaude et boire les eaux à la dose de quatre verres, les douleurs des pieds rendaient la marche si pénible, la station si difficile, qu'il était obligé de s'aider de deux béquilles. Les articulations des deux membres inférieurs ne permettaient aucun mouvement qui ne fût douloureux. Toute flexion offrait de grandes difficultés, et l'extension complète de la jambe droite était impossible. Une douleur aiguë était fixée à l'épaule gauche. Le malade était amaigri, pâle, découragé, et ne s'était résigné qu'avec peine aux difficultés qu'il entrevoyait dans ses voyages journaliers à Foncaude. Dès le quatrième bain, les genoux, sensiblement désenflés, avaient retrouvé un jeu plus facile, et la marche eût été moins embarrassée, si les pieds ne fussent devenus très-sensibles à la pression sur le sol.

Cet effet ne tarda pas à passer, et, au bout de dix-huit bains, S..., n'avait plus besoin que d'une canne pour l'aider dans sa marche. Les fonctions digestives s'étaient aussi améliorées ; l'ensemble de l'économie avait retrouvé de la force et de la vigueur. Depuis lors, la santé de cet homme s'est assez maintenue pour qu'il ait pu remplir un emploi de surveillant, qui, jour et nuit, l'oblige à de longues marches.

Un assez grand nombre d'exemples de rhumatismes goutteux se sont rencontrés parmi les malades venus à Foncaude, et ont, en général, retiré assez de soulagement de l'emploi de ces eaux, pour que j'en cite ici sommairement quelques exemples :

Une femme de 30 ans, n'ayant eu dans sa jeunesse que de légères affections dartreuses, avait ressenti, depuis l'âge de 21 ans, diverses attaques de rhumatisme. Toutes les articulations en avaient été le siége, et celles des doigts et des orteils en étaient notablement déformées. La flexion des doigts était impossible, le mouvement des bras douloureux et la marche toujours pénible, à cause de la souffrance des membres inférieurs. C'est dans cet état qu'elle vint à Foncaude, où elle prit des bains à 35 degrés centigrades, et but chaque jour trois à quatre verres d'eau. Au bout d'une quinzaine de bains, la liberté des mouvements était presque entièrement rétablie, et depuis lors il n'est pas survenu, que je sache, d'attaque assez vive de douleurs, pour replacer la malade dans l'état dont les eaux de Foncaude l'avaient débarrassée.

Une dame de 56 ans, d'un tempérament lymphatico-
sanguin, avait éprouvé, à l'époque de la ménopause,
une longue attaque de rhumatisme qui se porta de préférence sur les grandes articulations. Depuis lors, d'autres
attaques étaient survenues, et chacune d'elles laissant
quelques traces de son existence, il en était résulté un
état habituel de souffrance, de douleurs sourdes dans la
plupart des articulations, et surtout dans celles des poignets et des doigts; ces dernières étaient toutes enflées
et déformées. C'est dans cet état que la malade vint à
Foncaude prendre des bains tièdes et prolongés, et boire
trois ou quatre verres d'eau. Une sédation marquée en
était la suite immédiate, et la lassitude générale était alors
si prononcée, que la malade était obligée de chercher le
repos dans un lieu tranquille; la réaction s'établissait facilement. Les urines coulaient en abondance.

Le soulagement fut complet au bout de quinze bains;
il ne restait plus de douleurs dans les articulations,
celles des doigts conservaient seulement de l'engorgement.
Peu après que l'amélioration se fut manifestée, les doigts
devinrent sur leurs faces latérales le siége d'une éruption
dartreuse, assez semblable au psoriasis, maladie qui
autrefois avait été assez intense chez cette dame, et qui
avait presque totalement disparu. Depuis 1845, Madame...
prend chaque année les bains de Foncaude; les attaques
de douleurs ont manqué, mais chaque hiver l'éruption
dartreuse reprend l'intensité qu'elle perd en grande partie
sous l'action des eaux.

Une dame, âgée de 31 ans, d'un tempérament bilieux,
ayant toujours joui d'une bonne santé, avait cependant
éprouvé, pendant quelques années, diverses éruptions de
dartres furfuracées contre lesquelles elle n'avait dirigé
aucun traitement. Depuis sept à huit ans, cette éruption
n'avait plus lieu; mais, peu de temps après la même
époque, la malade commença à ressentir des douleurs
rhumatismales, qui d'abord fixées sur les coudes, se
sont ensuite portées sur toutes les articulations des membres supérieurs et inférieurs. Quelques fois même elles
ont été assez générales, assez fortes, accompagnées d'assez
de fièvre, pour que la malade fût obligée de garder le
lit. Lorsqu'elle vint à Foncaude, les douleurs se montraient constamment, tantôt à un endroit, tantôt à un
autre; l'extension et la flexion des doigts se trouvant
rendues impossibles par l'engorgement des articulations,
il en résultait une sorte de demi-flexion permanente.
Les orteils offraient aussi des difformités notables dans
leurs articulations, dont l'état douloureux habituel rendait
la marche pénible.

Les digestions étaient parfois dérangées.

Les eaux de Foncaude furent employées en bains à
35 degrés centigrades et en boisson.

Après le sixième bain, les douleurs des pieds étaient
plus faibles et la marche beaucoup plus facile. Des sueurs
générales s'étaient établies; mais elles étaient surtout
abondantes aux pieds. Après vingt bains, les douleurs
étaient calmées partout; les petites articulations étaient
plus souples, bien qu'elles conservassent encore de nota-

bles difformités. La malade, bien soulagée, interrompit les bains. Je n'ai pas eu sur elle de renseignements subséquents.

Après les observations de douleurs rhumatismales et de rhumatisme goutteux que je viens de rapporter, et qui ont cédé à l'action des eaux de Foncaude, il ne sera pas sans intérêt de placer ici deux faits, où l'affection goutteuse se manifeste d'une manière plus tranchée. Ces exemples sont à peu près les seuls que je possède encore; aussi je ne les présente, en quelque sorte, que comme l'indication de ce que l'expérience doit chercher à mettre en lumière sur l'application des eaux de Foncaude au traitement de la goutte.

M^r.... âgé de 63 ans, d'un tempérament bilieux, d'une forte constitution, sujet à des attaques de goutte régulière et qui se fixait constamment aux pieds, res- sentait depuis quelques jours, dans ces parties, une dou- leur qui n'avait amené aucune enflure, mais qui pourtant devenait déjà fort incommode et faisait prévoir au malade, à cause de l'expérience qu'il en avait, l'arrivée prochaine d'une attaque. Le seul but d'une promenade agréable le conduisit à Foncaude, le 24 juillet 1850, et, de son propre mouvement, il prit un bain à une tem- pérature tiède, de 35 minutes de durée. Il en sortit n'ayant plus aucune espèce de douleur, marchant avec la même facilité que quand la douleur ne se faisait pas sentir, et se réjouissant d'éprouver cette liberté entière de mouvement, ce sentiment de bien-être général qu'il

ressent quand, d'une attaque bien terminée il passe,
sans convalescence, à l'état de bonne santé, si ordinaire
chez lui. M^r..... continua à prendre les bains de Foncaude ; mais les attaques de goutte ayant été souvent
éloignées entre elles, on ne peut pas encore apprécier
quelle aura été sous ce rapport l'influence des eaux.
C'est parce que j'avais cité devant lui ce qui s'était passé
plusieurs fois sous mes yeux, pour un autre sujet dont
presque toutes les articulations sont tourmentées par la
goutte, dont les attaques se renouvellent fréquemment,
et qui maintes fois venu à Foncaude au début de vives
douleurs, les avait vues disparaître dans le bain qu'il y
prenait, que M^r..... essaya du même moyen.

M^r...., âgé de 55 ans, d'un tempérament bilieux,
avait eu pendant son enfance une légère atteinte d'affection dartreuse. Sa mère est morte dans un âge avancé,
atteinte d'un asthme chronique ; un de ses grands-oncles
du côté maternel a eu la goutte. M^r..... en a ressenti
lui-même, il y a 15 ans, une première atteinte au
gros orteil du pied droit ; elle dura 15 jours, offrant une
marche aiguë. Une seconde survint 5 à 6 mois après.
Celles qui suivirent se rapprochèrent davantage, furent de
plus en plus intenses, atteignirent chaque fois de nouvelles
articulations, et lorsque M^r... vint à Foncaude, en septem-
bre 1847, elles étaient toutes plus ou moins douloureuses.
Cependant elles n'étaient, en général, nullement altérées
dans leur forme ; il n'y avait que celle de la première et
de la seconde phalange de l'index de la main droite, où

la flexion du doigt fût gênée par de petites nodosités, et celle du quatrième os du métacarpe avec la phalange correspondante de la même main, qui offrit une petite tumeur arrondie, indolente, de la grosseur d'un pois. A cause des douleurs que le malade ressentait dans ce moment, ses membres étaient affaiblis, raides, leurs mouvements gênés et pénibles. Il était fort sujet à rendre par les urines du sable et de petits graviers, qui quelquefois étaient assez gros pour causer de vives atteintes de coliques néphrétiques. Dans d'autres circonstances, les urines déposaient abondamment sur les parois du vase qui les renfermait, un enduit rouge comme le sable ou les graviers. Les sueurs étaient en général faciles et abondantes, les digestions régulières dans les intervalles des attaques.

M^r..... prit ses bains à 35° centigrades, d'une heure de durée, et but avant ou après trois verres d'eau.

A la suite des cinq premiers bains, il y eut plus de force, plus de souplesse et une si grande diminution de douleurs dans les articulations, que d'assez longues promenades étaient devenues possibles sans fatigue, malgré un vent de Nord—Ouest des plus violents, et qui d'ordinaire causait au malade de vives douleurs articulaires.

Pendant l'immersion dans le bain, celles-ci se réveillaient parfois; d'un instant à l'autre elles changaient d'articulation, en laissant libre la première affectée. Un refroidissement général assez sensible se manifestait après le bain; il était suivi d'une réaction douce et facile. Les urines étaient devenues très-abondantes et claires ; l'appétit était fort augmenté ; les nuits étaient tranquilles. Quelques grosses pustules s'étaient montrées sur diverses parties du corps ; elles ressemblaient à celles de l'impétigo.

Après le seizième bain , cet état d'amélioration s'était encore augmenté, et toutes les articulations , surtout celles des genoux qui avaient constamment une grande raideur , avaient pris une souplesse si complète , que leur flexion ne laissait plus rien à désirer. Depuis longtemps, Mr.... ne s'était trouvé aussi libre dans ses mouvements, aussi exempt de douleur et de raideur. Il interrompit les bains, par suite d'affaires qui le rappelaient forcément chez lui.

Jusqu'au mois de février 1848 , aucune attaque de goutte ne s'était reproduite. Une atteinte fort légère et fort courte survint alors ; elle tourmenta peu le malade, qui n'avait plus souffert jusqu'au 20 août 1849. Depuis l'emploi des eaux de Foncaude jusqu'à cette dernière époque, aucun symptôme de gravelle n'avait reparu.

Un assez grand nombre d'affections des voies génito-urinaires de la femme ont trouvé leur guérison dans l'usage des eaux de Foncaude. Le plus souvent, les symptômes prédominants indiquaient un état d'irritation sub-aiguë de l'utérus ou de ses dépendances. S'il ne nous a pas été donné de pouvoir constater autrement que par les symptômes eux-mêmes l'état physique des organes , les quelques exemples que je vais citer montreront du moins, que la douleur n'était pas le seul élément qu'il fallait combattre. Elle s'accompagnait souvent d'un engorgement plus ou moins prononcé, dont il n'était pas toujours possible de dire s'il était l'effet ou la cause des souffrances utérines, mais qui n'en disparaissait pas moins sous l'influence du moyen qui mettait un terme à la douleur. Dans la plupart des cas, l'action des douches intérieures, des irrigations vaginales a puissamment aidé les effets sédatifs du bain.

Engorgement de l'utérus ; leucorrhée. —Une dame, âgée de 25 ans, d'un tempérament lymphatique, garda trop peu de temps le repos qui lui était nécessaire après un premier accouchement. Elle ne tarda pas à ressentir dans le bas-ventre de vives douleurs, qui se compliquaient de tiraillements pénibles dans les régions iliaques, dès qu'elle se tenait debout ou qu'elle essayait de porter son enfant. La première fois que les règles reparurent, elles s'accompagnèrent pendant toute leur durée de fortes coliques utérines ; dès ce moment, celles-ci se sont toujours reproduites à cette époque, laissant après elles la douleur hypogastrique de plus en plus prononcée. Un flux leucorrhéique d'un blanc jaunâtre, sans mélange de sang, sans odeur, mais fort abondant, survint en même temps que les douleurs, et, depuis lors, n'a pas cessé de se manifester sans interruption, d'une époque de la menstruation à l'autre. Des douleurs gastralgiques et une grande faiblesse générale furent bientôt la conséquence de cet état qui durait depuis 7 à 8 mois, quand

la malade vint à Foncaude, d'après les conseils de M. le
docteur Ducel. Elle prit ses bains à une température
agréable, et fit usage, pendant leur durée, de douches
vaginales répétées. Après le septième bain, les mois parurent ; les douleurs qui les accompagnaient, furent à
peine perceptibles et tout à fait passagères. La leucorrhée se montra aussi très-faible après la cessation de la
perte rouge, et diminuant sans cesse sous l'influence de
chaque bain et de chaque injection, elle était nulle après
le douzième. Les douleurs d'estomac avaient totalement
disparu ; la station n'était plus pénible, elle ne ramenait
plus ni la pesanteur dans le bassin, ni les douleurs des
fosses iliaques. Enfin, la malade se trouvait si bien,
qu'elle regretta beaucoup d'être, à cause de son départ
pour Toulouse, obligée d'interrompre des bains pour
lesquels elle avait la plus grande confiance, tant sa santé
s'était promptement améliorée.

Engorgement de l'ovaire droit ; leucorrhée. — Une
jeune femme de 20 ans, d'un tempérament lymphatique
sanguin, ordinairement bien portante, quoique d'une
constitution un peu délicate, arrivée heureusement au
terme d'une première grossesse, accoucha avec des souffrances très-vives, d'un enfant qu'elle voulut d'abord
allaiter. La délivrance fut régulière ; la fièvre de lait
survint le 3e jour, et malgré l'abondance du lait, on
jugea prudent de laisser l'accouchée donner seulement un
demi-lait, qui ne fut continué que pendant vingt jours ;
on eut alors recours à des antilaiteux sagement adminis-

trés. Pendant un mois et demi , les lochies furent très-
abondantes et fortement colorées en rouge; elles se
réduisirent alors à un écoulement séreux, au moins aussi
abondant que le premier.

Trois mois environ après l'accouchement, la perte séreuse restait la même et la menstruation ne s'était pas
établie; l'abdomen, soulevé, était douloureux à la moindre
pression dans la région iliaque droite , où l'on constatait
aisément la présence d'un corps assez dur, oblong, de la
grosseur d'un œuf de pigeon, correspondant à l'ovaire ;
il se déplaçait aisément par la pression qui réveillait sur
lui de vives douleurs. La malade n'avait nulle peine à se
coucher dans tous les sens ; mais elle ne pouvait pas
supporter la moindre marche , soit à cause de sa grande
faiblesse, soit surtout à cause des douleurs que le mouvement occasionnait dans la partie inférieure de l'abdomen. Pâle, affaiblie , découragée , mangeant peu et sans
goût , comme sans appétit , elle digérait avec peine. Elle
était sans fièvre. Quelques bains simples essayés chez
elle ne furent pas supportés ; ce fut alors que son médecin, M. le docteur Fabre , de Pignan , lui conseilla de
venir à Foncaude.

Elle prit ses bains à 36 degrés centigrades , n'y resta
d'abord que demi-heure, puis de trois quarts d'heure à
une heure , et but deux ou trois verres d'eau chaque
jour.

Après le cinquième bain , la leucorrhée avait déjà
beaucoup diminué; la tumeur de l'ovaire s'était amoindrie,
elle était moins douloureuse à la pression ; la marche

était plus facilement supportée; l'appétit était revenu ;
les digestions se faisaient mieux ; les forces commen-
çaient à reparaître ; le teint se colorait. Après le douzième
bain, la tumeur de l'ovaire avait complètement disparu;
la leucorrhée avait aussi cessé tout à fait ; la marche ne
causait plus de douleurs ; les forces s'étaient rétablies et
après le quinzième bain, la malade ayant repris, sous tous
les rapports, son état de santé habituel, repartit de
Foncaude, où elle aurait volontiers passé quelques jours
de plus, sans l'arrivée des travaux de vendange. La
menstruation reparut peu de temps après, et le rétablissement de cette jeune femme s'est bien soutenu.

*Engorgement de l'utérus; leucorrhée; vice dar-
treux.*— Une dame, âgée de 33 ans, d'un tempérament
nervoso-sanguin, avait constamment joui d'une bonne
santé, malgré sa maigreur et les fatigues de cinq gros-
sesses assez rapprochées, dont la dernière datait d'environ
sept ans. Vers le mois de février 1850, sans cause appréciable, survint une leucorrhée abondante, formée
par un liquide séreux, un peu jaunâtre, sans odeur,
produisant chaque jour sur les linges plusieurs taches de
la grandeur de la main. En même temps, une pesanteur
incommode se faisait sentir dans la cavité pelvienne,
s'accompagnant de chaleur, de tiraillements qui se prolongeaient jusque vers les côtés de la région hypogastrique, se manifestaient plus fortement vers les lombes,
et rendaient ainsi fort pénibles, ou même impossibles,
la marche et surtout la station prolongée dans l'immo-

bilité. Alors le poids et la douleur augmentaient considérablement, et la perte, sans changer de nature, devenait beaucoup plus abondante. La menstruation n'était pas dérangée ; mais il était survenu des douleurs gastralgiques, l'appétit avait disparu, et quelques selles diarrhéiques étaient chaque jour la conséquence de digestions moins régulières. De là, une diminution notable dans les forces générales, le désir d'éviter trop de mouvement, plus de disposition à des goûts sédentaires.

Quelques démangeaisons à la tête, où l'on retrouvait des vésicules isolés d'*eczéma* et de nombreuses écailles furfuracées ; des taches rouges, peu nombreuses, avec démangeaisons et desquamation furfuracée, situées sur le front, sur les parties latérales des doigts ; un prurit incommode se faisant sentir dans le vagin depuis l'apparition de la leuccorrhée, me firent croire à l'existence d'un vice dartreux, qui d'ailleurs pouvait être héréditaire chez cette dame, éprouvée par de profonds chagrins.

Quelques dépuratifs, quelques astringents furent d'abord administrés pendant quelques jours ; on les remplaça bientôt par les bains de Foncaude à 34° centigrades et des irrigations vaginales avec l'eau de la source à sa température naturelle, faites pendant une grande partie de la durée du bain.

En général, les effets de la sédation et de la réaction se prononcèrent très-régulièrement. Après le quatrième bain, la leucorrhée était déjà fort diminuée, ainsi que le sentiment de pesanteur habituellement fixé dans la cavité du bassin. Les douleurs iliaques avaient cessé; celles des reins étaient réduites à une sorte de douleur pongitive fixée sur la région sacrée ·et que le doigt pouvait presque recouvrir. La marche et la station devenaient plus faciles ; le moral lui-même était heureusement modifié.

Après le treizième bain, les fonctions digestives étaient complètement régularisées. Les mois, qui avaient forcé d'interrompre les bains, avaient paru après quelques jours de retard; ils furent suivis d'une leucorrhée si peu prononcée, que la malade ne s'en apercevait que par un examen attentif. Il n'existait plus ni douleur vers la matrice ou ses dépendances, ni prurit dans le vagin.

Vingt-sept bains amenèrent une guérison complète des symptômes dont les organes de la génération étaient le siège; les forces s'étaient rétablies; toute manifestation d'affection dartreuse avait cédé, si ce n'est dans les cheveux, où elle persista longtemps encore, pour ne disparaître que sous l'influence de remèdes prolongés après la saison des bains. L'amélioration de l'état de l'utérus résista aux fatigues d'un voyage assez pénible; elle ne s'est point démentie.

Engorgement chronique de l'utérus avec déviation du col; prurigo du vagin. — Une dame, âgée d'environ 32 ans, avait éprouvé un engorgement assez considérable de l'utérus, dont le col avait offert quelques

ulcérations. A la même époque, l'un des ovaires s'était
aussi engorgé, et ces diverses modifications pathologiques
avaient produit une fâcheuse influence sur l'ensemble de
la constitution. Le système nerveux était devenu très-
impressionnable; la marche, la station n'étaient plus
possibles, sans de longues et vives douleurs. Un long
repos, des émollients, des antiphlogistiques, des résolutifs,
combinés plus tard avec des narcotiques, des astringents
et la cautérisation, avaient amené une grande amélioration. Cependant il restait encore un engorgement
mollasse, passif du col, qui se déviait à gauche, et
qu'aucun des moyens précités ne pouvait plus modifier
malgré leur emploi soutenu; sa sensibilité était grande;
une leucorrhée, presque habituelle, n'empêchait pas
l'apparition des règles. La membrane muqueuse vaginale
était le siége de plaques rouges, assez étendues, assez
nombreuses et accompagnées d'un prurit fort incommode. La malade avait eu autrefois quelque éruption
dartreuse, supprimée depuis assez longtemps, et l'on
retrouvait dans sa famille l'existence de cette affection.
M. R. Broussonnet, professeur-agrégé, conseilla l'u-
sage des bains de Foncaude et des irrigations prises,
pendant toute la durée du bain, avec l'eau de la
source à sa température naturelle. Le traitement qu'il
avait si heureusement avancé, fut complété par ce
nouveau moyen. La sensibilité de l'utérus se dissipa, le
col reprit sa consistance, sa forme et sa position habituelles; les rougeurs et le prurit du vagin disparurent;
la marche redevint facile comme autrefois, et ce rétablis-

9

sement complet fut le résultat de vingt-cinq à trente bains.

Parmi les cas dans lesquels l'action des eaux de Foncaude sur les organes digestifs s'est clairement dessinée, j'en choisirai deux qui méritent surtout d'être constatés. Ils offrent, l'un et l'autre, des résultats assez remarquables pour qu'on en tienne compte, quand il s'agit de mettre au jour l'action générale du moyen qui les a produits. On en jugera par les faits eux-mêmes.

Dyssenterie chronique, contractée en Afrique.— Une jeune enfant de 12 ans, d'un tempérament lymphatique, d'une faible constitution, fut atteinte en Afrique d'une dyssenterie sanguinolente, qui s'accompagna, dès le début, d'un état fébrile violent, et sans doute en rapport avec l'irritation ou le mouvement fluxionnaire dont la membrane muqueuse des intestins était le siége. La longue persistance de cette affection, qui prit une forme chronique, fit reconduire en France cette jeune enfant. Elle vint à Montpellier et fut confiée aux soins du professeur Risueno d'Amador, qui, après avoir employé différents moyens, proposa l'usage des eaux de Foncaude. A cette époque, la malade, exempte de fièvre, était fort affaiblie, ne digérait qu'avec peine et fort imparfaitement. Sa peau, décolorée et d'une pâleur brunâtre, avait perdu la souplesse et la douceur qu'elle offre ordinairement au toucher. Le ventre, sans tuméfaction et sans dureté, était un peu douloureux à la pression. Les selles étaient fréquentes, liquides et souvent uniquement composées

d'un sang noirâtre mêlé de quelques caillots. La langue
offrait peu de rougeur ; elle était habituellement humide.
— Les bains de Foncaude furent donnés à la température de 35 degrés centigrades, de demi-heure de durée ;
on prescrivit deux verres d'eau en boisson. Au bout de
cinq à six bains, dont les effets physiologiques se pro-
nonçaient clairement, une amélioration notable s'était
déjà manifestée, lorsqu'une cause accidentelle força à les
interrompre. Le retour des selles sanguinolentes, qui
s'étaient supprimées, suivit promptement cette interruption involontaire. Sous l'influence des eaux que l'on
remit aussitôt en usage en bains et en boisson, le mieux,
primitivement obtenu, ne tarda pas à se reproduire, et
se confirma de telle sorte, qu'après vingt-cinq bains la
jeune malade fut solidement guérie. Les évacuations
avaient repris leur caractère normal. La peau, redevenue
souple et douce au toucher, avait retrouvé sa coloration
naturelle et fonctionnait régulièrement ; les forces se
réparaient et s'augmentaient chaque jour, aidées en cela
par l'activité et la régularité que les fonctions digestives
bien rétablies avaient rendues à la nutrition.

Dyssenterie chronique. — A la suite d'une cholérine
assez intense mais qui fut mal soignée, la femme d'un
conducteur de diligence, âgée de 55 ans, conserva une
dyssenterie chronique. Il n'y avait pas de fièvre, mais la
langue était habituellement disposée à se sécher, ce qui
causait un sentiment de soif presque constant. L'estomac
supportait avec quelque peine les aliments liquides et

surtout les substances solides. Le second travail de la digestion s'opérait en général avec quelques coliques ; les évacuations alvines étaient liquides, mêlées de substances mal digérées, répétées quatre ou cinq fois par jour et toujours accompagnées de ténesme ; elles n'étaient pas sanguinolentes. La malade avait beaucoup maigri ; son teint, ordinairement frais et coloré, avait fait place à une couleur pâle et jaunâtre ; elle s'était déjà considérablement affaiblie, lorsqu'elle commença les bains de Foncaude, le 21 août 1848.

Elle les prit à la température de 35 degrés centigrades et d'une heure de durée. Le 24 août, après le troisième bain, les évacuations alvines avaient totalement perdu leur caractère dyssentérique et repris l'aspect naturel ; le ténesme avait disparu. L'appétit revenait, la soif avait cessé, la langue était sans rougeur, humide, et quelques aliments plus consistants se digéraient avec facilité. Chaque jour ajoutait une nouvelle consistance au bien obtenu, et, après dix bains, la guérison fut solidement établie. L'effet le plus remarquable produit pendant l'usage des eaux, et auquel il faut, sans doute, rapporter cette prompte amélioration, fut l'apparition journalière de sueurs très-abondantes, soit pendant la nuit, soit le matin, quand immédiatement après son bain, la malade allait se mettre au lit, où elle reposait pendant deux heures.

Maladies de la peau. — Les maladies cutanées se sont présentées en grand nombre à Foncaude et sous une

infinie variété de formes. S'il n'a pas toujours été facile
d'assigner à chacune d'elles une étiologie assez clairement
établie, pour qu'on puisse, à ce sujet, apprécier d'une
manière absolue les rapports qui existent entre tel ou tel
genre de cause et le mode de traitement que nous voyons
s'établir à Foncaude, il est cependant permis de ranger
sous trois chefs principaux les divers cas que j'ai observés. — Quelques sujets devaient à une hérédité manifeste les affections dartreuses dont ils étaient atteints ;
et le soulagement qu'ils ont obtenu, porté dans certains
cas jusqu'à la disparition complète de la maladie, n'a
pas toujours eu toute la persistance désirable. Chez plusieurs d'entre eux, l'affection s'est de nouveau manifestée,
quand les grandes variations que l'hiver apporte dans la
température, sont venues entraver l'accomplissement
régulier des fonctions de la peau. En général, il est
pourtant vrai de dire que la maladie n'a pas toujours
reparu aussi violente qu'elle l'était auparavant. — Chez
d'autres sujets, elle se liait à la lésion de divers viscères, existait en même temps qu'elle, ou même se
prolongeait encore, tandis que l'état pathologique dont
elle dépendait dans le principe, était dissipé depuis un
temps plus ou moins long. Dans le premier cas, les eaux
de Foncaude ont quelquefois fait disparaître et la lésion
primitive du viscère malade et la maladie cutanée ; dans
le second, la guérison de cette dernière n'a pas en général offert de difficulté, et s'est jusqu'ici montrée solidement établie.—Enfin, chez bien des malades, l'époque
à laquelle la maladie de la peau s'était montrée, ne

pouvait point être précisée, et cette même obscurité régnait encore sur la cause à laquelle on devait l'attribuer.
Un mauvais régime alimentaire, des soins hygiéniques
mal observés, l'influence d'une profession particulière,
d'une habitation malsaine, devaient souvent être invo-
qués ; mais je dois avouer que quelquefois l'absence
de toutes ces circonstances laissait dans un vague absolu
l'étiologie recherchée. C'est surtout dans ce troisième
groupe que j'ai observé les complications multipliées
des maladies de la peau avec celles d'autres systèmes
importants. Ainsi, celles des diverses membranes muqueuses, celles du système musculaire, s'y trouvaient
fort souvent réunies à la maladie cutanée, et, quel qu'eût
été l'ordre dans lequel ces diverses complications s'étaient
manifestées, il n'a pas influé d'une manière appréciable
sur les effets obtenus. Cela tenait, sans doute, à ce que
l'une et l'autre maladie étaient sous la dépendance primitive d'une altération des fonctions générales de la peau,
et trouvaient dans le moyen mis en usage, un remède
direct à leur cause essentielle.

Quant aux modifications qui, sous l'influence des
eaux, survenaient dans la maladie et conduisaient à la
guérison, les choses ne se sont pas toujours passées de
la même manière. Quelquefois nul effet sensible ne se
manifestait, si ce n'est une diminution graduelle des
symptômes qui cédaient, l'un après l'autre, jusqu'à ce
que toute trace sensible de la maladie se fût complètement effacée; et la guérison s'accomplissait ainsi sans
secousse, sans orage qui vinssent d'abord faire douter

du succès. Mais il n'en était pas toujours de même. Ainsi, j'ai déjà parlé de quelques-unes des modifications qui se produisaient sous la première impression des eaux de Foncaude. Cette exaltation dans les propriétés vitales de la peau, qui était la suite de la répétition journalière des phénomènes de sédation et de réaction, semblait quelquefois devoir tourner au profit de la maladie, au lieu de la faire disparaître. Tantôt elle la généralisait, comme cela eut lieu chez l'enfant qui portait un *eczéma* du cuir chevelu, et qui fut guéri après qu'une éruption de vésicules pustuleuses, semblables à celles de la tête, se fut manifestée sur toute la surface du corps. Tantôt elle décidait l'apparition d'une autre maladie, comme cela arriva chez la jeune personne qu'une violente éruption d'*esséra* affranchit, mieux que ne l'avaient pu faire jusqu'alors divers bains sulfureux, d'une dartre pustuleuse, *acne simplex*, fort désagréablement fixée sur diverses parties du visage.

Quelquefois les signes de l'activité du travail dont la peau était le siége, se réduisaient à un prurit général, ou seulement de la partie malade dont il semblait alors aggraver l'état. Le premier décidait, chez quelques sujets, des insomnies fatigantes, qu'une courte interruption des bains faisait bientôt cesser, sans qu'en général leur reprise au bout de peu de jours fût suivie du même inconvénient. Le second, qui s'est rencontré plus rarement, avait l'inconvénient d'alarmer plus sérieusement les malades. Il était difficile de leur persuader que cette modification de leur mal, souvent assez pénible à sup-

porter, pût, par la suite, amener un résultat favorable.
Et si, chez certains d'entre eux, cette démangeaison si
incommode n'eût cependant permis de constater, de la
manière la plus évidente, que déjà quelques pustules
avaient disparu ; que la rougeur qui s'étendait plus ou
moins autour des groupes qu'elles formaient, avait beaucoup perdu de son intensité; que la peau de la partie
malade et de tout le corps, retrouvait une souplesse
qu'elle n'avait plus depuis longtemps, il n'eût pas été
possible de les décider à retourner à Foncaude. Heureusement qu'un peu de persévérance ne tardait pas à faire
naître le résultat tant désiré.

C'est, du reste, en rendant compte des effets obtenus
dans le traitement des maladies de la peau, qu'il convient
de signaler les modifications remarquables dont cet organe
devient le siége sous l'influence des eaux. Cette action locale
dont j'ai seulement dit quelques mots, se retrouve chez
tous les baigneurs ; elle est même si prompte à se manifester, qu'il suffit, pour l'obtenir d'une manière passagère,
de se laver les mains dans l'eau qui coule de la source.
C'est sans doute aux sels alcalins qu'il faut l'attribuer.
Quoi qu'il en soit, il n'est pas de baigneur qui, dès le
premier bain qu'il a pris à Foncaude, n'observe combien sa peau s'est adoucie. S'il compare alors l'état de
cet organe, à cette sorte de sécheresse qu'on y éprouve
après un bain ordinaire, c'est une souplesse nouvelle
qu'il y remarque. Quelque chose d'onctueux semble recouvrir toute la surface cutanée, rendre sa sensibilité
plus délicate, sans l'exagérer au point de la rendre pénible.

On reconnaît au toucher, que l'épiderme a pris une plus grande finesse; et, lorsque par quelques bains pris de suite, ces changements se sont solidement établis, le coloris nouveau de la peau qui, jusque sur le visage lui-même, offre plus de blancheur et de transparence, semble démontrer avec eux la réalité de l'action favorable des eaux sur les affections d'un organe dont elles modifient si heureusement l'état physique et les fonctions.

Dans les observations diverses que j'ai déjà rapportées, on a vu bien des fois des affections dartreuses disparaître sous l'action des eaux de Foncaude. Je n'ajouterai pas ici tous les exemples de cette maladie qui sont venus chercher, dans notre établissement, une guérison qui se soutient encore, ou un soulagement moins complet mais toujours heureux, dans certains cas invétérés qu'on ne saurait guérir. Je me contenterai de choisir quelques faits dans chacune des diverses variétés d'affections cutanées qui se sont présentées.

Eczéma des oreilles. — Une personne de 40 ans, d'un tempérament bilieux, encore fort exactement réglée, était, depuis quelques années, atteinte d'un *eczéma* qui, dans le principe fixé sur les deux faces de chaque oreille, avait fini par envahir une grande partie des régions supérieures et latérales du cou, et presque tout le cuir chevelu. Les petites vésicules qui se montraient groupées en assez grand nombre, finissaient par donner lieu à des surfaces largement excoriées, humides d'une sérosité quelquefois assez abondante, d'autres fois se desséchant

en petites écailles furfuracées et dont la surface de la tête
fournissait ordinairement une fort grande quantité. Des
douleurs rhumatismales chroniques, dont les épaules et
les bras étaient le siége habituel, compliquaient cette
éruption d'une manière fort pénible et formaient avec
elle un ensemble pathologique, qui, le plus souvent,
ne laissait aucun repos pendant la durée de la saison
froide et humide. Le mal avait été passagèrement amendé
par des remèdes internes, par des vésicatoires multipliés,
par quelques lotions. Celles surtout que l'on pratiquait
avec une solution de sous-borate de soude dans l'eau
ordinaire, avaient assez souvent bien nettoyé la peau ;
mais jamais on n'avait obtenu de guérison aussi complète
que celle que procurèrent vingt bains pris dans les eaux
de Foncaude, à la température de 34 degrés centigrades.
L'hiver suivant se passa sans éruption ; les douleurs
rhumatismales furent si rares, si passagères, que la malade se regardait comme complètement guérie. Il faut
ajouter que les pieds devinrent dès-lors le siége d'une
transpiration tellement abondante, qu'elle exigea un excès
de soin de propreté, dont la nécessité ne s'était jamais
fait sentir. Habituellement, au-contraire, la peau de
cette partie offrait de la sécheresse. Les bains de Foncaude, repris chaque année, ont confirmé de plus en
plus la bonne santé habituelle que la malade y avait
retrouvée.

Eczéma du cuir chevelu. — Une demoiselle, âgée de
31 ans, d'un tempérament lymphatique, avait long-

temps conservé sur sa figure une éruption d'*acne rosacea,* survenue à la suite d'un profond chagrin. Un long traitement dépuratif, et après lui vingt bains de Foncaude, avaient, en 1847, dissipé toutes les rougeurs et toutes les pustules d'*acne.* Vers la fin de juin 1848, en même temps qu'il se manifestait du malaise, de la céphalalgie, des lassitudes générales, de l'anorexie et tous les autres symptômes d'une collection saburrale des premières voies, il survint auprès du lobule de l'oreille droite, une agglomération de petites vésicules d'*eczéma,* donnant lieu à une sorte de plaque, sans vive rougeur, avec démangeaisons, et qui s'étendit si rapidement, que, dès le cinquième ou sixième jour, elle eut envahi tout le derrière de l'oreille, presque tout le côté droit du cuir chevelu, et la partie inférieure de la joue. Après l'emploi de quelques délayants et d'évacuants qui ramenèrent le bon état des premières voies, sans rien changer à l'état de la portion de la peau qui était malade, on eut recours aux bains de Foncaude à 33 degrés centigrades, d'une heure de durée, et à trois verres d'eau en boisson. Des urines abondantes survinrent dès le principe, et se soutinrent jusqu'à la fin du traitement. Sous l'action des premiers bains, le prurit se calma, et peu à peu la maladie s'effaça de telle sorte, qu'après vingt bains la peau avait partout repris son état naturel, et n'offrait pas la plus légère trace de l'éruption dont elle avait été le siège. Il n'est pas, depuis lors, survenu de nouvelle atteinte ; cependant, parfois, le teint un peu soulevé de cette personne laisse supposer que l'affection cutanée, qui d'ailleurs est héréditaire chez elle, n'est peut-être pas guérie pour toujours.

Eczéma impetigenodes. — Une dame, âgée de 41 ans, d'un tempérament lymphatique sanguin, régulièrement menstruée, avait éprouvé, avant son mariage et à diverses époques, une éruption pustuleuse au visage. On la soumit à l'action des eaux sulfureuses de Fonsanche, et plusieurs années se passèrent sans nouvelle éruption. Mais bientôt survinrent de fréquents érysipèles à la face, toujours compliqués d'un état saburral des premières voies. Plus tard, la partie antérieure des deux jambes devint le siége d'une nouvelle éruption qui durait encore en 1848, malgré bien des moyens internes employés contre elle, et sans qu'elle eût empêché la reproduction des érysipèles de la face. A la partie antérieure des deux jambes, une plaque rouge enflammée s'étendait, presque sans interruption, du bas du genou au-dessus du coude-pied. La partie affectée était tuméfiée, douloureuse, couverte de nombreuses pustules, d'où s'écoulait une sérosité purulente, à laquelle succédaient des croûtes confluentes, épaisses. De vives démangeaisons existaient sur ces parties, qui offraient à la fois dans les moments de la plus grande acuité du mal, des pustules récentes, d'autres déjà ouvertes et des croûtes plus ou moins anciennes.

L'éruption était arrivée à l'époque d'une dessication générale, quand Madame... vint à Foncaude. Elle prit les bains à 35 degrés centigrades, de trois quarts d'heure à une heure de durée , et but quatre verres d'eau. Après quatre bains, l'éruption s'activa vivement ; il survint de nombreuses pustules. Cette acuité nouvelle de la maladie, qui dura pendant cinq à six jours, céda pourtant aux bains, sous l'action non interrompue desquels la peau de tout le corps acquit une souplesse remarquable, plus de finesse , de douceur , et se montra plus disposée à des sueurs habituelles , en même temps que les urines coulaient plus abondamment que jamais.

Au bout de vingt bains, toute éruption avait disparu , mais cette suppression fut de courte durée. Tandis que l'on continuait l'usage des eaux , de nouvelles pustules parurent encore en grand nombre ; mais elles guérirent très-vite et disparurent , laissant à la peau une coloration à peu près naturelle. Depuis cette époque, il n'est survenu ni éruption eczémateuse, ni érysipèle de la face, bien qu'à plusieurs reprises Madame..... ait éprouvé quelques dérangements dans ses fonctions digestives. Le retour fréquent des érysipèles ne pouvait-il pas ici trouver sa cause dans la même disposition de l'organe cutané , à laquelle se rattachait aussi l'éruption eczémateuse ? Cela expliquerait l'action favorable des eaux sur la première de ces deux maladies. — J'ai vu un autre cas , où des érysipèles de la face , sujets à de fréquents retours , paraissent aussi avoir pris fin sous l'action des eaux de Foncaude ; mais ces faits sont encore trop rares pour en déduire les moindres conséquences.

Eczéma impetigenodes. — Une dame , âgée de 38

ans, bien réglée, d'un tempérament lymphatique, éprouvait depuis plusieurs années , une éruption eczémateuse
qui avait envahi les deux oreilles , dont le volume était
doublé, soit par l'engorgement de leurs tissus, soit par
les croûtes épaisses qui les recouvraient. Les deux sourcils étaient aussi garnis de croûtes semblables, s'étendant sur le front et gagnant, par l'angle externe des
yeux , les paupières inférieures et les joues. Enfin, la
partie postérieure du cou était aussi couverte de croûtes
de même genre, qui joignaient celles des oreilles. Les
croûtes qui succédaient à de petites pustules , laissaient
en se détachant une surface vive , légèrement excoriée ,
d'où suintait l'humeur qui les reproduisait. Démangeaisons, insomnies, altération des fonctions digestives, telles
étaient les conséquences de cet état, qu'on avait inutilement attaqué par des moyens internes très-rationnelle-
ment dirigés, et par l'usage des eaux de Luchon, de Cau-
valat et de Sylvanès. La malade était dans l'état que je
viens de décrire , quand M. Vailhé , professeur-agrégé ,
lui conseilla de recourir aux eaux de Foncaude.. Elle
prit ses bains à une température de 33 à 34 degrés
centigrades, et but chaque jour trois verres d'eau , qui
déterminèrent bientôt des urines abondantes.

Après le quatorzième bain , les sourcils étaient complètement nettoyés ; le front, les paupières inférieures ,
les joues et le cou étaient guéris ; la peau qui les recouvrait avait repris son aspect naturel. Les oreilles n'offraient plus de gonflement qu'aux lobules, où quelques
croûtes entouraient encore l'ouverture qui fournissait

passage aux boucles d'oreilles. Une légère desquamation
furfuracée se montrait pourtant encore derrière les
oreilles.

Après le vingtième bain, les démangeaisons avaient
cessé , le sommeil avait reparu , les digestions s'accomplissaient parfaitement , et l'inquiétude constante
qu'entraînait avec elle une maladie aussi incommode ,
avait fait place au contentement de l'esprit.

Dartre circinale furfuracée. — Un homme âgé de
45 ans , d'un tempérament bilieux sanguin , robuste ,
occupé à l'extraction des pierres de taille dans les car-
rières de St-Geniés, n'avait jamais eu d'affection dartreuse , lorsque au printemps de 1850, il ressentit au
bas de la joue droite des démangeaisons accompagnées
de l'apparition d'une petite plaque rouge. Bientôt celle-
ci s'étendit , se recouvrant à son centre de petites écailles
blanchâtres furfuracées, qui, en se détachant, laissaient
à cette partie de la peau sa couleur à peu près naturelle , tandis qu'elle était entourée d'une circonférence
rouge , chargée de petites pellicules avec démangeaisons
constantes et s'agrandissant chaque jour. Bientôt , une
éruption semblable parut sur la joue gauche et suivit la
même marche. Le malade assurait qu'il n'avait jamais
observé des pustules sur aucune des parties affectées ; cependant, quand je le vis pour la première fois, je con-
statai l'existence de petites vésicules acuminées, remplies
d'un fluide blanchâtre, et toute la figure était parsemée
de portions de circonférences rouges et recouvertes

d'écailles furfuracées. Le malade attribuait son mal à l'action d'un rasoir malpropre.

Il prit les bains de Foncaude à la température de 34° centigrades, d'une heure de durée, et but chaque matin quatre verres d'eau. Après le cinquième bain, on ne voyait plus de vésicules sur la figure ; tous les cercles rougeâtres avaient pâli, et c'est à peine si l'on apercevait encore sur quelques points de leur étendue quelques petites pellicules. Après le dixième bain tout avait disparu, et le visage de cet homme, qui, lorsqu'il vint à Foncaude, semblait tuméfié et injecté, avait sensiblement pâli et diminué de volume. Dans le cours du traitement, les urines avaient considérablement augmenté.

Dartre squammeuse humide. — Un riche paysan, âgé de 53 ans, d'un tempérament bilioso-sanguin, d'une forte constitution, avait éprouvé, depuis l'âge de 12 ans, de nombreuses atteintes de *dartre squammeuse humide* sur différentes parties du corps. Cette fois, l'éruption envahissait toute la jambe gauche, une partie de la droite, l'avant-bras gauche et une partie du poignet droit. Sur toutes ces parties, la peau tendue, luisante et d'une rougeur des plus intenses, semblait dénudée de son épiderme, si ce n'est dans les points que quelques squammes à moitié soulevées couvraient encore. A la circonférence de cette sorte de plaie, de nombreuses pustules, la plupart déchirées par suite du frottement que les démangeaisons provoquaient, indiquaient sa tendance à s'agrandir. Une sérosité abondante, sanieuse, s'écoulait de tous les points malades. Cette homme allait partir pour se soumettre à l'action de quelqu'une des eaux sulfureuses les plus renommées, lorsque je l'engageai à faire usage des eaux de Foncaude, où il pouvait se rendre chaque jour, sans s'éloigner de sa propriété qu'il habitait constamment.

Après quatre bains, les parties malades, entièrement dépouillées d'écailles, n'offraient plus qu'une surface très-rouge, dont la circonférence même présentait aussi des pustules moins nombreuses. Les démangeaisons, qui parfois se renouvelaient dans le bain, avaient totalement cessé pendant le reste de la journée et ne causaient plus d'insomnie. Au bout de vingt bains, il ne restait d'autre trace de la maladie, qu'une teinte rosée, à peine sensible, de la peau. Cependant, les bains furent poussés jusqu'au nombre de trente, et cette guérison, qui date déjà de 1845, s'est solidement maintenue jusqu'ici.

Impetigo figurata. — Un jeune enfant de 9 ans, lymphatique, éprouva, à l'âge de 7 ans, une fièvre grave. Quatre ou cinq mois après, il parut à l'aile gauche du nez, au bord libre de la paupière inférieure droite, à la partie interne et postérieure de la cuisse droite, une pustule de la grosseur d'une lentille, à base rouge. Au bout de quelques jours, chaque bouton s'ouvrit et laissa écouler un liquide séro-purulent. Un bourgeon charnu s'éleva à la place de la pustule qui occupait la narine gauche, exigea plusieurs cautérisations, et guérit en laissant une cicatrice difforme. Celle de la paupière donna lieu à une ulcération d'abord peu étendue, mais qui s'agrandit lorsqu'on chercha à la réprimer par des cautérisations. Quand le malade vint à Foncaude, les cils étaient détruits, le rebord de la paupière était rouge, enflammé et comme fongueux. Sur la cuisse droite, à la place de l'ancienne pustule, dans une étendue de trois centimètres de large sur cinq de longueur, la peau était d'un rouge vineux, fendillée, recouverte de croûtes dures, qui, minces dans le centre où elles semblaient de petites écailles, étaient plus fortes et plus nombreuses sur les bords, qu'elles rendaient plus épais et comme soulevés. Un léger prurit s'y faisait sentir, il était plus incommode sur la paupière malade.

Des bains de demi-heure, à 35° centigrades, furent combinés avec des lotions sur la paupière, et la boisson de trois verres d'eau chaque matin. Après cinq bains, la paupière était moins rouge, son bord libre se recouvrait de petites écailles blanchâtres; il était moins enflé, les démangeaisons y étaient moins vives. Au dixième, la plaque dartreuse de la cuisse avait changé d'aspect : dans le centre sa coloration pâlissait et tendait à laisser à la peau sa teinte naturelle; les croûtes qui formaient la circonférence tombaient, sans qu'il parût devoir s'en former d'autres. La paupière inférieure droite allait mieux aussi. Elle était guérie extérieurement; ce n'était que son bord libre qui n'était pas totalement recouvert de son épiderme. On ne l'y voyait que dans quelques points séparés par d'autres encore ulcérés, ou recouverts d'un petit bourgeon charnu.

La cicatrisation était complète après le dix-huitième bain, et il ne restait plus de croûte écailleuse à la cuisse, où la peau du point malade ne conservait plus qu'une légère teinte rosée, qui la distinguait des lieux qui n'avaient pas été malades. Après quelques jours encore de séjour à Foncaude, ce jeune enfant partit n'emportant aucune trace d'une affection qui, pendant deux années, avait résisté à beaucoup de moyens dirigés contre elle.

Ecthyma cachecticum. — Un homme, âgé de 45 ans, d'un tempérament lymphatique, avait autrefois contracté, pendant qu'il était au service, une maladie cutanée de laquelle il fut régulièrement traité au Val-de-Grâce. Il quitta le service militaire pour une vie très-active, souvent très-fatigante, et, sous cette influence, il avait à plusieurs reprises éprouvé des maladies très-graves des organes digestifs, de véritables *melœna*, si j'en ai pu juger exactement d'après les détails qu'il nous a rapportés. Depuis plusieurs années, ce malade éprouvait sur la partie inférieure des jambes, une éruption de pustules plus ou moins grosses, mais dont quelques-unes, par leur volume, l'engorgement, l'inflammation, la douleur et la dureté de leur base, simulaient de véritables furoncles. Le plus souvent elles étaient petites, mais elles s'accompagnaient toujours d'un engorgement notable de la peau. Celui-ci était, dans bien des cas, appréciable avant l'apparition de la pustule qui donnait lieu, en s'ouvrant, à une sorte d'ulcération avec écoulement sanieux ; de vives démangeaisons se faisaient constamment sentir. La cicatrisation, ordinairement difficile, laissait toujours sur la peau une tache brune, accompagnée d'une légère dépression, quand le volume de la pustule avait été considérable. Un engorgement œdémateux existait presque constamment sur les jambes, depuis qu'elles étaient sujettes à ces éruptions.

Les trois ou quatre premiers bains de Foncaude décidèrent sur les jambes une apparition de nombreuses et petites pustules, accompagnées de vives démangeaisons, et qui ne tardèrent pas à s'ulcérer superficiellement. Vers le dixième bain, elles étaient toutes guéries et les démangeaisons avaient considérablement diminué. L'œdème existait encore, et dans divers points de la partie inférieure des jambes on sentait, en promenant le doigt sur la peau de manière à la comprimer un peu, de petites granulations, de légers engorgements agglomérés. Bientôt quelques nouvelles pustules se montrèrent encore sur l'une des jambes seulement, et, avant que le malade eût atteint le nombre de trente bains, toutes les pustules, toutes les granulations et l'œdème eurent disparu. La peau des jambes avait repris plus de force, plus de souplesse, une coloration plus naturelle, bien qu'elle conservât encore les taches laissées par les pustules, et tout semblait annoncer, ainsi que le temps l'a démontré, que la guérison obtenue était plus solide que jamais.

Acne simplex; douleurs rhumatismales.—Une dame, âgée de 38 ans, d'un tempérament sanguin, bien réglée, avait éprouvé, pendant l'hiver de 1846, des douleurs rhumatismales aiguës, qui, fixées au bras et à l'épaule gauche, furent assez violentes pour la retenir au lit pendant trois semaines. Il en était résulté des douleurs chroniques, qui affectaient principalement l'épaule gauche et quelquefois la droite. Quand la malade vint à Foncaude, on remarquait sur sa figure un grand nombre de pustules d'acne, isolées les unes des autres, mais rapprochées en plus grand nombre sur le nez et sur les joues. Par suite de la dessiccation de quelques vésicules, des pellicules furfuracées se détachaient çà et là sur toute la figure, où l'on remarquait des plaques rouges, étendues, multipliées.

Les bains furent pris à 34 degrés centigrades, et prolongés de trois quarts d'heure à une heure. Après le sixième, il ne restait presque plus de pustules d'*acne*; elles étaient toutes dans la période de dessiccation. Les plaques rouges du visage avaient beaucoup pâli; les douleurs des épaules ne se faisaient plus sentir.

Après le douzième bain, les pustules et les rougeurs avaient totalement disparu, le teint était redevenu à peu près naturel, et la peau avait un aspect uni, une finesse qu'elle n'offrait plus depuis longtemps. Pendant l'hiver suivant qui fut froid et pluvieux, les douleurs rhumatismales ne parurent pas; mais, quoique le teint restât plus posé et plus uni qu'autrefois, il y eut encore quelques pustules d'*acne* qui reparurent. Depuis lors nous avons revu plusieurs fois la malade à Foncaude, et, grâce à l'emploi de ces eaux, elle n'a plus eu d'atteinte notable d'une affection pustuleuse d'autant plus difficile à déraciner complètement, qu'elle offrait dans ce cas quelque chose d'héréditaire.

Prurigo. — Une jeune fille du village de Saussan , âgée de 18 ans , d'un tempérament bilieux , avait eu, à l'âge de 18 mois, un *eczema* du visage qui s'étendit sur le cuir chevelu , où il resta fixé pendant plusieurs années , grâce à l'emploi d'une barette de toile cirée , qu'elle refusa de porter à l'âge de 7 à 8 ans. Dès ce moment , sa tête fut rapidement guérie ; mais bientôt il se manifesta sur toute la surface du corps une éruption de petites papules sèches , les unes presque de la couleur de la peau , les autres déchirées ou recouvertes d'une petite croûte noire. Une démangeaison insurmontable obligeait la malade à se gratter constamment ; elle déchirait ainsi toutes les papules, qui se couvraient alors de petites croûtes. Cet état durait sans cesse , n'offrant que de légers amendements , mais jamais il ne s'effaçait complètement. L'éruption se retrouvait sur toutes les parties du corps ; et , malgré les démangeaisons souvent intolérables qu'elle causait surtout pendant la nuit, elle n'avait pas sensiblement altéré la santé générale et n'avait pas empêché l'établissement de la menstruation. Celle-ci , à son tour, n'avait nullement modifié le *prurigo*. Elle était régulière , seulement chaque époque laissait après elle, pendant quelques jours , un peu de leucorrhée. On avait essayé, à deux reprises différentes , des eaux sulfureuses, qui n'avaient produit qu'un soulagement très-passager. Quand la malade vint à Foncaude , d'après le conseil de M. le docteur Fabre , elle était dans l'état que j'ai décrit.

Les premiers bains, qu'elle prenait à 34° centigrades,

augmentèrent beaucoup les démangeaisons en provoquant
l'éruption d'un bien plus grand nombre de papules, que
les ongles de la malade laissaient rarement sans être
déchirées. On continua les bains sans interruption. Après
le quatorzième, il ne restait plus qu'un très-petit nombre de papules sur les bras, où on les eût aisément
comptées. Partout ailleurs elles avaient disparu, laissant
à la place qu'elles avaient occupée, l'épiderme bien
rétabli, mais formant une petite tache blanche qui con-
trastait avec la teinte brune naturelle à la peau. Les
démangeaisons avaient aussi complètement cessé. Après
vingt bains, la guérison était complète et ne s'est pas
démentie.

Lichen simplex. — Une dame, âgée de 30 ans, d'un
tempérament lymphatique-sanguin, nourrice de son
second enfant, éprouvait depuis quelque temps, pendant
le jour et surtout pendant la nuit, dès qu'elle commençait à ressentir la chaleur de son lit, de vives démangeaisons aux jambes. Elles étaient produites par de petites
papules rouges, légèrement enflammées, rapprochées
entre elles de manière à former de petites plaques, où
se faisaient sentir de la chaleur et le prurit incommode
que j'ai déjà signalé. Déchirées par les ongles, ces
papules donnaient lieu à de petites croûtes, qui, plus
tard, formaient une sorte de desquamation furfuracée.
Pendant ce temps-là, d'autres papules se reproduisaient
sur le bord des plaques et tendaient ainsi à les agrandir.
Cette affection ne se présentait qu'aux jambes; mais elle

avait fini par acquérir une intensité fort incommode, en rendant le sommeil difficile. Cependant la santé générale n'en était nullement dérangée.

Les bains de Foncaude, conseillés par M. le docteur Lescure, eurent promptement de bons effets, et ne causèrent pas cette fois d'augmentation passagère. Dès les premiers bains, les plaques cessèrent de s'agrandir par l'apparition de nouvelles papules ; les démangeaisons se calmèrent et ne troublèrent plus le sommeil. Chaque jour la peau reprenait son aspect naturel, là où les petites écailles s'étaient déjà détachées. Après quinze bains, il ne restait quelques légères traces de la maladie, que sur la jambe droite ; la guérison était complète après le vingtième.

Psoriasis diffusa. — Une jeune fille de 16 ans, portait sur tout le corps une éruption de petites plaques squammeuses, causant une démangeaison si vive, que partout sur la peau on reconnaissait la trace des ongles. Sur le tronc et sur les membres, les plaques étaient peu étendues, isolées les unes des autres. Elles étaient moins limitées sur la figure, où l'une d'entre elles occupait toute la paupière inférieure droite et une partie de la joue, et où celles qui avaient envahi le lobule de l'oreille, atteignaient la partie inférieure du visage. Les dernières surtout tendaient à se couvrir de croûtes épaisses plutôt que de simples écailles ; et quand les unes et les autres se détachaient, elles laissaient sur les diverses parties du corps où elles étaient fixées, une rougeur intense sur laquelle la sérosité qui suintait faisait prévoir la formation de squammes nouvelles. Les premiers bains augmentèrent les démangeaisons ; bientôt elles cessèrent et les nuits furent tranquilles. Les croûtes, les squammes se détachaient sans laisser de rougeur après elles. Après le dixième bain, toute trace d'affection dartreuse avait disparu, sous l'œil droit, sous l'oreille gauche ; à peine en restait-il quelques vestiges sur le tronc et sur les membres. Peu de jours après, la peau avait recouvré dans toute son étendue, son état et son aspect naturels ; toute démangeaison avait cessé ; les nuits étaient tranquilles ; le rétablissement fut complet.

Psoriasis guttata et palmaria. — Une dame, âgée de 32 ans, bien réglée, éprouvait, depuis plusieurs années, des atteintes très-fatigantes de *psoriasis*, qui se manifestait sur tout le corps par de petites plaques rouges, éparpillées, mais réunies en grand nombre sur le tronc et se terminant par une desquamation furfuracée ; sur les mains elles donnaient lieu à de petites gerçures avec suintement d'humeur séreuse qui se condensait en croûtes plus épaisses. Une démangeaison fort incommode se faisait sentir partout. Cette éruption, qui n'avait jamais lieu en hiver, se montrait dès que les chaleurs arrivaient. En 1847, l'été était déjà avancé sans que l'éruption eût paru, sans que les sueurs abondantes qui d'ordinaire les accompagnaient, se fussent établies. Mais la santé générale était ébranlée ; un malaise indéfinissable tourmentait la malade, que la moindre chose inquiétait et

qu'une tristesse profonde minait sans cesse. On eut recours aux bains de Foncaude, pris à la température de
35 degrés centig. et prolongés pendant une heure. Après
le huitième bain, les sueurs se montraient déjà avec
abondance ; l'éruption s'établissait sur tout le corps,
s'accompagnait de vives démangeaisons, et les symptômes
généraux qui donnaient de l'inquiétude sur la santé de
cette personne, s'effaçaient chaque jour. Après le quatorzième bain, l'éruption, intense à la paume des mains
et sur le corps, paraissait en pleine activité ; elle commença pourtant bientôt à se calmer, et, après le vingt-
huitième ou le trentième bain, elle avait disparu, laissant
la malade dans un état de santé complète.

Psoriasis guttata. — Un ecclésiastique, âgé de 36
ans, d'un tempérament bilioso-sanguin, très-occupé de
travaux de cabinet en outre des devoirs qui lui impo-
saient les soins de sa paroisse, avait éprouvé en 1847,
après une maladie assez grave, une éruption considérable de furoncles. Peu de temps après leur guérison,
il vit paraître sur son visage de petites taches rouges,
élevées sensiblement au-dessus du niveau de la peau,
offrant de la dureté, d'une étendue de 3 à 6 millimètres
de diamètre, séparées entre elles par des espaces tout
à fait sains, et accompagnées de demangeaisons. La
moindre préoccupation, la moindre fatigue physique
avivait la couleur des taches. Alors elles devenaient le
siége d'une chaleur incommode, d'une sorte de turgescence que partageaient tous les intervalles sains de

la peau, et la figure paraissait ainsi dans un état général de tuméfaction fort incommode pour le malade. Il ne lui était pas possible de célébrer l'office divin, de monter en chaire, pas même de rester inactif dans une église remplie d'assistants, sans être péniblement fatigué par cette sorte de turgescence du visage.

Sans qu'il fût survenu aucun écoulement sur ces sortes de larges papules, elles se couvrirent peu à peu de squammes légères, se détachant sous forme de fragments furfuracés et se renouvelant presque aussitôt, de manière que la figure était habituellement couverte, sur toute l'étendue des joues et du front, de papules rouges comme tuberculeuses et de squammes plus ou moins soulevées.

Ce fut dans cet état, que, d'après les conseils de M. le professeur Lordat, ce malade vint essayer les bains de Foncaude, contre une affection qui s'était déjà montrée rebelle à beaucoup de moyens, et qui, loin de se borner à la figure, comme je le croyais, s'étendait sur tout le corps avec les mêmes caractères. Je l'appris d'un malade avec lequel cet ecclésiastique prit, plus tard, des bains de piscine, et qui vint m'en entretenir à cause de la répugnance que lui causait ce voisinage. Sur les membres et sur le tronc, les papules et les squammes offraient seulement de plus grandes dimensions.

Les premiers bains furent donnés à 34° centigrades. Ce ne fut qu'après en avoir pris sept à huit, dont il abaissait graduellement la température, que le malade, sans me consulter, se mit à se baigner dans la piscine.

Après le sixième bain, toutes les squammes de la figure avaient disparu ; les tubercules semblaient affaissés ; ils étaient plus pâles, ils tranchaient moins par leur couleur avec la peau saine qui les séparait ; mais il restait encore une grande disposition à la turgescence générale. Après le dixième bain, beaucoup de tubercules avaient disparu sur le front et sur les joues, et à cette époque, une longue course faite à pied avec la chaleur du milieu du jour et sur les bords de la mer, n'eut aucune influence fâcheuse. Le lendemain, la figure n'était ni plus animée, ni couverte de plus de tubercules. Après le vingtième bain, toute trace de la maladie était effacée ; la peau n'était plus si impressionnable ; elle avait retrouvé sa coloration naturelle, sa surface unie, sa finesse habituelle ; et le malade quitta Foncaude, heureux d'une guérison qui lui permettait de se livrer sans ménagements et sans crainte, à des occupations, à des devoirs qu'il aimait et qu'il remplissait avec un grand dévouement. Il ne me dit rien de l'éruption fixée sur le reste du corps ; mais la personne qui m'en avait parlé, me tenait habituellement au courant, et je sus, par elle, que toute la surface cutanée était parfaitement dépouillée de papules, de squammes, et qu'en réalité, là, comme au visage, la guérison était complète.

Pityriasis. — Au nombre des maladies squammeuses de la peau qui ont été guéries par l'emploi des eaux de Foncaude, je retrouve l'histoire assez remarquable d'un enfant, qui, dans les premières années de sa vie, avait été atteint d'un *pityriasis capitis*, et, plus tard, de *teigne muqueuse*. La première de ces affections, ordinairement facile à dissiper, avait résisté aux moyens mis en usage contre elle, et cet enfant, à l'âge de 13 ans, offrait encore sur la tête des pellicules épaisses, brunâtres, qui se détachaient chaque jour en grande quantité. En outre, on retrouvait sur tout le corps, mais principalement aux poignets jusque sur la face dorsale des mains, au cou et sur les genoux, de petites écailles semblables à celles de la tête. On eût dit, au premier aspect, que toutes ces parties étaient recouvertes d'une crasse épaisse, à moitié desséchée, et donnant à la peau une coloration brunâtre. Cet état morbide, permanent pendant toute l'année, était plus fortement prononcé durant l'hiver. Alors, les croûtes se détachaient plus lentement, acquéraient plus d'épaisseur et une teinte plus foncée. Les parties malades n'étaient jamais le siége, ni de démangeaisons, ni de douleurs. M. le docteur Séguy conseilla l'usage des bains de Foncaude, qui furent administrés à la température de 34° centigrades. Trois bains suffirent pour faire détacher toutes les croûtes, et donner partout à la peau une douceur, une souplesse, qui contrastaient avec la rudesse et l'aridité qu'elle offrait auparavant. Cependant, elle conservait encore une coloration d'une pâleur brunâtre, semblant indiquer que l'état maladif n'avait pas complètement cédé. Quelques circonstances accidentelles firent alors interrompre les bains; et, malgré une cure aussi incomplète, tout l'hiver suivant se passa sans que le *pityriasis* reparût ailleurs que sur les genoux , où se formèrent quelques squammes rares et peu épaisses. Le retour de la belle saison suffit pour les faire disparaître ; ce qui n'empêcha pas le jeune malade de revenir, au mois de juillet , prendre à Foncaude un plus grand nombre de bains que l'année précédente.

Ephélides hépatiques. — Quelques exemples d'*éphélides hépatiques* ont été soumis à l'action des eaux de Foncaude , et je terminerai par deux observations relatives à ce genre d'affection , ce que j'avais à dire de l'emploi de ces eaux dans le traitement des maladies cutanées.

Une dame âgée de 40 ans, d'un tempérament biliososanguin , encore régulièrement menstruée , se plaignait depuis longtemps de mauvaises digestions , dont l'existence se liait, sans doute , à un léger engorgement chronique du foie. Elle avait fait un assez long usage d'extrait de ciguë , donné parfois à doses assez élevées. Depuis deux ou trois ans , cet état se compliquait d'une éruption constante de taches d'un brun jaunâtre, peu étendues, ne faisant pas de saillie appréciable au-dessus de la peau, et situées sur le cou , sur la figure et principalement sur le front. Il ne survenait jamais de pustule ni de suintement séreux ; mais au bout de quelques jours, chaque tache donnait lieu à de petites écailles furfuracées, qui se détachaient spontanément , ou que le frottement enlevait comme une sorte de crasse. Elles étaient rarement le siége d'un peu de démangeaison.

La malade prit les bains de Foncaude à la température de 34° centigrades ; elle but, chaque jour, trois verres d'eau. Après le cinquième bain, nul effet sensible ne se faisait encore remarquer sur les éphélides ; mais les digestions étaient devenues plus faciles et plus régulières. Après le douzième, les taches de la figure avaient presque entièrement disparu, laissant au teint plus de pâleur. Elles s'effacèrent bientôt complètement, et après le trentième bain il n'en restait plus aucune trace ; le visage avait repris une coloration naturelle, l'engorgement du foie n'était plus appréciable au toucher, et les digestions, devenues plus régulières, avaient consolidé le retour des forces et de la santé.

M. B... ancien militaire, âgé de 55 ans, d'un tempérament bilieux, offrait sur les mains, sur les bras et sur le buste, de larges taches d'un brun sale, fort inégales entre elle par leur étendue, fort irrégulières dans leurs formes, et ne s'élevant pas sensiblement au-dessus du niveau de la peau. Elles ne causaient ni douleurs ni démangeaison. Dans les points qu'elles affectaient, l'épiderme s'enlevait parfois sous forme de crasse ou de petits fragments furfuracés, et laissait à la peau une teinte moins brune, mais non sa couleur naturelle. Un traitement par des tisanes sudorifiques et le roob de Laffecteur avait été inutilement employé contre cet état, qui ne s'était jamais compliqué du moindre dérangement d'aucune des principales fonctions.

Les eaux de Foncaude furent conseillées en bains à

33° centigrades, et en boisson à la dose de quatre verres par jour. L'effet diurétique se manifesta promptement et d'une manière très-active. Après le dixième bain, les éphélides avaient beaucoup perdu de l'intensité de leur coloration. Elles avaient complètement disparu après le vingtième, laissant partout à la peau, dans les points qu'elles avaient occupés, une coloration naturelle, indice certain de la nouvelle régularité de ses fonctions.

FIN.